もくじ

学校図書版 小学校算数 6年 準拠

教科書の内容

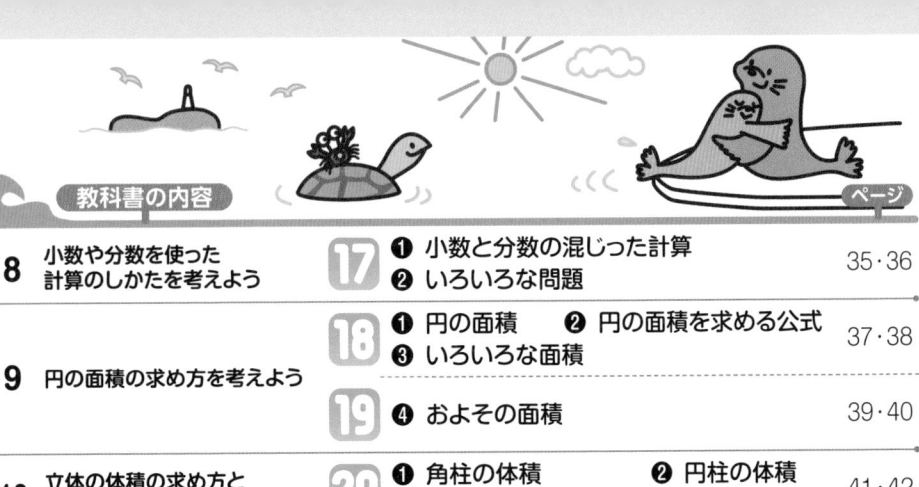

				ページ
教科書の内容				
8 小数や分数を使った計算のしかたを考えよう	**17**	❶ 小数と分数の混じった計算 ❷ いろいろな問題		35・36
9 円の面積の求め方を考えよう	**18**	❶ 円の面積 ❷ 円の面積を求める公式 ❸ いろいろな面積		37・38
	19	❹ およその面積		39・40
10 立体の体積の求め方と公式を考えよう	**20**	❶ 角柱の体積 ❷ 円柱の体積 ❸ いろいろな形の体積		41・42
11 割合の表し方と利用のしかたを考えよう	**21**	❶ 比と比の値 ❷ 等しい比		43・44
	22	❸ 比の利用		45・46
12 同じに見える形の性質やかき方を調べよう	**23**	❶ 図形の拡大図・縮図 ❷ 拡大図と縮図のかき方		47・48
	24	❸ 縮図の利用		49・50
13 2つの量の変化や対応の特ちょうを調べよう	**25**	❶ 比例		51・52
	26	❷ 比例のグラフ		53・54
	27	❸ 比例の性質の利用		55・56
	28	❹ 反比例		57・58
14 いろいろな問題を解決しよう	**29**			59・60
15 6年間の算数の復習をしよう	**30** ～ **33**	力だめし ①～④		61～64
答え				65～72

1　つりあいのとれた形の分類や性質を調べよう

❶ 線対称な図形

1 次の図で、線対称な図形には○、線対称ではない図形には×を
つけましょう。

1つ10〔30点〕

❶　A

（　　　）

❷　E

（　　　）

❸　P

（　　　）

2 右の図は、直線アイを対称の軸と
する線対称な図形です。　1つ15〔45点〕

❶　点Bに対応する点はどれですか。

（　　　　　　　　）

❷　辺 GF に対応する辺はどれです
か。　　　（　　　　　　　　）

❸　角Dに対応する角はどれですか。

（　　　　　　　　）

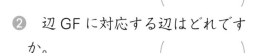

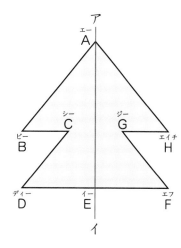

3 右の図で、直線アイが対称の
軸となるように、線対称な図形
をかきましょう。　　〔25点〕

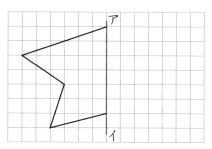

1　つりあいのとれた形の分類や性質を調べよう

❶ 線対称な図形

/100点

 次の図形について、下の問いに答えましょう。　　1つ20〔40点〕

㋐ 　　㋑ 　　㋒ 　　㋓

❶　㋐〜㋓のうち、線対称な図形はどれですか。

（　　　　　　　　　）

❷　❶で答えた線対称な図形に対称の軸をかきましょう。

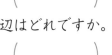 右の図は、直線アイを対称の軸と
する線対称な図形です。　1つ12〔60点〕

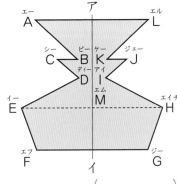

❶　点Bに対応する点はどれですか。

（　　　　　　　　　）

❷　辺IHに対応する辺はどれですか。

（　　　　　　　　　）

❸　角Jに対応する角はどれですか。

（　　　　　　　　　）

❹　直線EMと等しい長さの直線はどれですか。（　　　　　　）

❺　対称の軸と辺FGは、どのように交わっていますか。

（　　　　　　　　　　　　　）

答えは
65ページ

1 つりあいのとれた形の分類や性質を調べよう

❷ 点対称な図形

/100点

1 次の図で、点対称な図形には○、点対称ではない図形には×をつけましょう。

1つ10〔30点〕

① B

② C

③ N

（　　）　　　　（　　）　　　　（　　）

2 右の図は点対称な図形です。

1つ15〔45点〕

① 点Aに対応する点はどれですか。

（　　　　　　）

② 辺 CD に対応する辺はどれですか。

（　　　　　　）

③ 角 G に対応する角はどれですか。

（　　　　　　）

3 右の図で、点 O が対称の中心となるように、点対称な図形をかきましょう。

〔25点〕

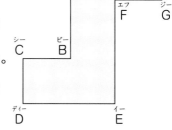

1　つりあいのとれた形の分類や性質を調べよう
❷ 点対称な図形

／100点

1 次の図形について、下の問いに答えましょう。　　　1つ20〔40点〕

㋐ 　㋑ 　㋒ 　㋓

❶　㋐〜㋓のうち、点対称な図形はどれですか。

（　　　　　　　　　　）

❷　❶で答えた点対称な図形に対称の中心をかきましょう。

2 右の図は、点Oを対称の中心とする
点対称な図形です。　　　1つ10〔60点〕

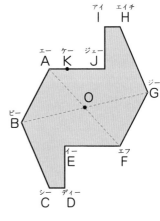

❶　点Dに対応する点はどれですか。

（　　　　　　　　　　）

❷　辺FGに対応する辺はどれですか。

（　　　　　　　　　　）

❸　角Hに対応する角はどれですか。

（　　　　　　　　　　）

❹　直線BOと等しい長さの直線はどれですか。　（　　　　　　　）

❺　直線FOと等しい長さの直線はどれですか。　（　　　　　　　）

❻　点Kに対応する点Lをかきましょう。

答えは
65ページ

きほん **3**

教科書 25〜26 ページ

月　　日

10分

1 つりあいのとれた形の分類や性質を調べよう
❸ 多角形と対称

／100点

1 次の図で、線対称な図形はどれですか。また、点対称な図形は
どれですか。記号で書きましょう。　　　　　　　　　1つ30〔60点〕

㋐　正三角形　　㋑　台形　　㋒　平行四辺形　　㋓　ひし形

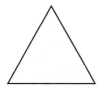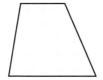

㋔　長方形　　㋕　正方形　　㋖　正五角形　　㋗　円

線対称 (　　　　　　　　　　)

点対称 (　　　　　　　　　　)

2 次の図形には、対称の軸は何本ありますか。　　　　1つ20〔40点〕

❶　長方形　　　　　　　　　　❷　正六角形

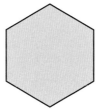

(　　　　　　)　　　　　　　　(　　　　　　)

1　つりあいのとれた形の分類や性質を調べよう
❸ 多角形と対称

 次の図は、正多角形です。対称の軸をかきましょう。　1つ10〔30点〕

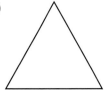

❶　　　　　　❷　　　　　　❸

 次の図は、点対称な図形です。対称の中心をかきましょう。

1つ10〔30点〕

❶　　　　　　❷　　　　　　❸

3 右の図は、直線アイを対称の軸とする線対称な図形の半分を表しています。残りの半分をかきましょう。また、かいた図形は何角形になりますか。　〔20点〕

（　　　　　　　　　　）

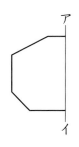

4 右の図は、点Ｏを対称の中心とする、点対称な図形の半分を表しています。残りの半分をかきましょう。また、かいた図形はどのような図形になりますか。　〔20点〕

（　　　　　　　　　　）

答えは
65ページ

2　文字を使って量や関係を式に表そう

❶　いろいろな数量を表す式

❷　変化する数を表す式

／100点

1▶ 1個130円のおにぎりを x 個買うときの代金を求める式を書きましょう。　　　　〔15点〕

(　　　　　　　　　)

2▶ 卵（たまご）が2パックと3個あります。　　　　1つ17〔51点〕

❶　卵が1パックに6個入っているとすると、卵は全部で何個ありますか。

(　　　　　　　　　)

❷　1パックに入っている卵の数を x 個として、卵全部の個数を求める式を書きましょう。

(　　　　　　　　　)

❸　1パックに入っている卵の数が10個のとき、卵は全部で何個ありますか。

(　　　　　　　　　)

3▶ 折り紙が5セットと4枚（まい）あります。　　　　1つ17〔34点〕

❶　1セットの折り紙の数を x 枚として、折り紙全部の枚数を x を使った式で表しましょう。

(　　　　　　　　　)

❷　1セットに20枚入っているとすると、折り紙は全部で何枚ありますか。

(　　　　　　　　　)

2　文字を使って量や関係を式に表そう

❶ いろいろな数量を表す式

❷ 変化する数を表す式

1 正六角形の１辺の長さとまわりの長さの関係を調べましょう。

1つ20〔40点〕

❶ 　１辺の長さとまわりの長さを次のような表にまとめました。あいているところに数を書きましょう。

１辺の長さ(cm)	1	2	3	4
まわりの長さ(cm)				

❷ 　１辺の長さを x cm、まわりの長さを y cm として、式に表しましょう。

$$(\qquad\qquad)$$

2 縦が３cm、横が５cm の紙を横に１列にならべます。

1つ20〔60点〕

5cm

3cm

❶ 　紙を x 枚ならべたときの、全体の横の長さ y cm を次のような表にまとめました。あいているところに数を書きましょう。

紙の枚数 x(枚)	2	5	10	30
全体の横の長さ y(cm)	10			

❷ 　x 枚ならべたときの、全体の横の長さ y cm を求める式を書きましょう。

$$(\qquad\qquad)$$

❸ 　x 枚ならべたときの、全体の面積 y cm² を求める式を書きましょう。

$$(\qquad\qquad)$$

答えは
66ページ

きほん 5

教科書 36〜40 ページ

月　　日

10分

2　文字を使って量や関係を式に表そう
❸ 文字にあてはまる数
❹ 式を読む

／100点

1 x にあてはまる数を求めましょう。　　　　1つ10〔60点〕

❶　$x+10=25$

❷　$16+x=33$

❸　$x-5=19$

❹　$x-3.6=5.2$

❺　$4\times x=24$

❻　$x\div 7=9$

2 水そうに水が入っています。水を 15L 加えたら、水の量は 42L になりました。　　　　1つ10〔20点〕

❶　はじめの水の量を xL として、全部の量が 42L であることを、式に表しましょう。

　　　　　　　　　　　　　$=42$

❷　はじめに入っていた水の量を求めましょう。

3 面積が 44 cm²、横の長さが 8 cm の長方形があります。　1つ10〔20点〕

❶　縦の長さを x cm として、面積を求める式を書きましょう。

　　　　　　　　　　　　　$=44$

❷　長方形の縦の長さを求めましょう。

答えは
66ページ

かくにん **5**

2　文字を使って量や関係を式に表そう
❸ 文字にあてはまる数
❹ 式を読む

/100点

1 いちごが 4 パックと 2 個あります。パックには同じ数ずつ入っています。

1つ20〔60点〕

❶ 1 パックに入っている数を x 個として、全部の個数を表す式を書きましょう。

（　　　　　　　　　　　）

❷ いちごは全部で 58 個ありました。1 パックには何個入っていましたか。x に 11、12、13、……を入れて求めましょう。

x	11	12	13	14
$x \times 4$				
$x \times 4 + 2$				

答え（　　　　　　　　）

2 次の❶〜❹の式は、㋐〜㋓のどの場面を表しているか、記号で答えましょう。

1つ10〔40点〕

❶　$50 + x$　　　　　❷　$50 - x$

❸　$50 \times x$　　　　　❹　$50 \div x$

㋐　50 cm のテープを同じ長さずつ x 本に分けたときの、1 本分の長さ。

㋑　大人が 50 人、子どもが x 人いるときの、全部の人数。

㋒　50 枚の色紙から x 枚使ったときの、残りの枚数。

㋓　1 個 50 円のあめを x 個買ったときの代金。

❶（　　　）❷（　　　）❸（　　　）❹（　　　）

答えは
66ページ

月　　日

きほん 6

3 計算の意味やしかたを考えよう

❶ 分数×整数の計算

10分

／100点

---

1 次の□にあてはまる数を書きましょう。　　　1つ10〔30点〕

① $\dfrac{3}{5} \times 3 = \dfrac{\boxed{} \times \boxed{}}{5} = \dfrac{\boxed{}}{5} = \dfrac{\boxed{}}{5}$

② $\dfrac{5}{8} \times 2 = \dfrac{\boxed{} \times \boxed{}}{8} = \dfrac{\boxed{}}{4} = \dfrac{\boxed{}}{4}$

③ $\dfrac{4}{3} \times 12 = \dfrac{\boxed{} \times \boxed{}}{3} = \boxed{}$

2 次の計算をしましょう。　　　1つ10〔60点〕

① $\dfrac{1}{5} \times 2$

② $\dfrac{5}{4} \times 5$

③ $\dfrac{9}{8} \times 4$

④ $\dfrac{5}{12} \times 8$

⑤ $1\dfrac{3}{8} \times 7$

⑥ $2\dfrac{3}{4} \times 6$

3 1L の重さが $\dfrac{7}{8}$kg の油があります。この油 12L の重さは

何 kg ですか。　　　1つ5〔10点〕

【式】

答え（　　　　　　　　）

答えは
66ページ

3　計算の意味やしかたを考えよう

❶ 分数×整数の計算

／100点

1 次の計算をしましょう。　　　　　　　　　　　　　　　　1つ8〔80点〕

① $\dfrac{3}{7} \times 2$

② $\dfrac{7}{6} \times 5$

③ $\dfrac{4}{9} \times 3$

④ $\dfrac{5}{12} \times 4$

⑤ $\dfrac{7}{36} \times 24$

⑥ $\dfrac{6}{5} \times 20$

⑦ $1\dfrac{1}{7} \times 6$

⑧ $1\dfrac{7}{20} \times 5$

⑨ $2\dfrac{5}{14} \times 21$

⑩ $3\dfrac{1}{6} \times 12$

2 花だんに、$1m^2$ あたり $1\dfrac{1}{5}kg$ の肥料をまきます。$3m^2$ の花だんでは、肥料は何 kg いりますか。　　　　　　　　　1つ5〔10点〕

【式】

答え（　　　　　　　　　）

3 1分間で $1\dfrac{2}{3}L$ 出る水道管で水そうに水を入れます。6分間入れると、水は何 L 入りますか。　　　　　　　　　　1つ5〔10点〕

【式】

答え（　　　　　　　　　）

答えは
66ページ

3　計算の意味やしかたを考えよう

❷ 分数÷整数の計算

／100点

1 次の□にあてはまる数を書きましょう。　　　　1つ8〔16点〕

① $\dfrac{3}{5} \div 7 = \dfrac{\boxed{}}{5 \times \boxed{}} = \dfrac{\boxed{}}{\boxed{}}$

② $\dfrac{5}{4} \div 15 = \dfrac{\boxed{}}{4 \times \boxed{}} = \dfrac{\boxed{}}{\boxed{}}$

2 次の計算をしましょう。　　　　1つ8〔64点〕

① $\dfrac{2}{3} \div 3$

② $\dfrac{3}{4} \div 7$

③ $\dfrac{8}{9} \div 4$

④ $\dfrac{6}{7} \div 9$

⑤ $1\dfrac{1}{8} \div 18$

⑥ $2\dfrac{4}{7} \div 9$

⑦ $2\dfrac{4}{9} \div 11$

⑧ $3\dfrac{3}{5} \div 12$

3 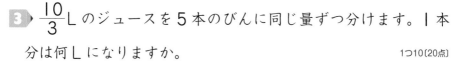 $\dfrac{10}{3}$ L のジュースを 5 本のびんに同じ量ずつ分けます。1 本分は何 L になりますか。　　　　1つ10〔20点〕

【式】

答え（　　　　　　　　　）

3　計算の意味やしかたを考えよう

❷ 分数÷整数の計算

／100点

1 次の計算をしましょう。

1つ8〔80点〕

① $\dfrac{5}{9} \div 3$

② $\dfrac{7}{5} \div 5$

③ $\dfrac{4}{7} \div 6$

④ $\dfrac{9}{4} \div 18$

⑤ $\dfrac{13}{12} \div 26$

⑥ $\dfrac{14}{15} \div 16$

⑦ $3\dfrac{1}{4} \div 8$

⑧ $2\dfrac{5}{8} \div 7$

⑨ $2\dfrac{4}{9} \div 14$

⑩ $6\dfrac{2}{5} \div 24$

2 2L のガソリンで、$\dfrac{92}{3}$ km 走れる車があります。ガソリン l L あたりで、この車は何 km 走れますか。

1つ5〔10点〕

【式】

答え（　　　　　　　　）

3 縦の長さが 3m で、面積が $2\dfrac{2}{5}$ m² の長方形の花だんの横の長さは何 m ですか。

1つ5〔10点〕

【式】

答え（　　　　　　　　）

答えは
66ページ

4　分数どうしのかけ算の意味やしかたを考えよう

❶ 分数×分数の計算 ①

／100点

1 □にあてはまる数を書きましょう。　　　　〔8点〕

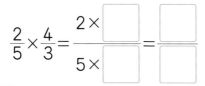

$$\frac{2}{5} \times \frac{4}{3} = \frac{2 \times \boxed{}}{5 \times \boxed{}} = \frac{\boxed{}}{\boxed{}}$$

2 次の計算をしましょう。　　　　1つ8〔64点〕

① $\dfrac{3}{4} \times \dfrac{1}{5}$

② $\dfrac{3}{5} \times \dfrac{3}{7}$

③ $\dfrac{5}{9} \times \dfrac{2}{3}$

④ $\dfrac{7}{8} \times \dfrac{3}{4}$

⑤ $\dfrac{5}{6} \times \dfrac{11}{9}$

⑥ $\dfrac{7}{5} \times \dfrac{3}{10}$

⑦ $\dfrac{9}{5} \times \dfrac{9}{4}$

⑧ $\dfrac{5}{4} \times \dfrac{7}{6}$

3 1Lの重さが $\dfrac{9}{10}$ kg の油があります。　　　　1つ7〔28点〕

① この油 $\dfrac{3}{7}$ L の重さは何 kg ですか。

【式】

答え（　　　　　　　）

② この油 $\dfrac{11}{4}$ L の重さは何 kg ですか。

【式】

答え（　　　　　　　）

4　分数どうしのかけ算の意味やしかたを考えよう

❶ 分数×分数の計算 ①

／100点

1️⃣ 次の計算をしましょう。　　　　　　　　　　　　1つ6〔72点〕

① $\dfrac{4}{3} \times \dfrac{7}{5}$

② $\dfrac{5}{2} \times \dfrac{5}{6}$

③ $\dfrac{7}{6} \times \dfrac{5}{11}$

④ $\dfrac{12}{5} \times \dfrac{2}{7}$

⑤ $\dfrac{5}{7} \times \dfrac{8}{3}$

⑥ $\dfrac{3}{14} \times \dfrac{5}{4}$

⑦ $\dfrac{7}{2} \times \dfrac{5}{6}$

⑧ $\dfrac{12}{5} \times \dfrac{4}{13}$

⑨ $\dfrac{5}{4} \times \dfrac{9}{7}$

⑩ $\dfrac{5}{2} \times \dfrac{11}{6}$

⑪ $\dfrac{8}{5} \times \dfrac{9}{7}$

⑫ $\dfrac{13}{12} \times \dfrac{7}{4}$

2️⃣ 縦の長さが $\dfrac{9}{5}$ m、横の長さが $\dfrac{7}{2}$ m の長方形の板があります。

この板の面積は何 m² ですか。　　　　　　　1つ7〔14点〕

【式】

答え（　　　　　　　）

3️⃣ 1 m の重さが $\dfrac{1}{18}$ kg の銅線があります。この銅線 $\dfrac{5}{7}$ m の重

さは何 kg ですか。　　　　　　　　　　　　1つ7〔14点〕

【式】

答え（　　　　　　　）

答えは
67ページ

4　分数どうしのかけ算の意味やしかたを考えよう

❶ 分数×分数の計算 ②　❷ いろいろな計算
❸ 計算のきまり　　　　❹ 逆数

／100点

1 □にあてはまる数を書きましょう。　〔8点〕

$$1\frac{4}{5} \times 3\frac{2}{3} = \frac{\boxed{}}{5} \times \frac{\boxed{}}{\boxed{}} = \frac{\boxed{} \times \boxed{}}{5 \times \boxed{}} = \frac{\boxed{}}{\boxed{}}$$

2 次の計算をしましょう。　1つ14〔56点〕

❶ $\dfrac{5}{6} \times \dfrac{7}{10}$

❷ $\dfrac{2}{3} \times \dfrac{9}{10}$

❸ $2\dfrac{1}{2} \times \dfrac{2}{3}$

❹ $3\dfrac{3}{5} \times 1\dfrac{7}{8}$

3 次の図形の面積を求めましょう。　1つ14〔28点〕

❶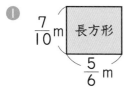
$\dfrac{7}{10}$ m　長方形　$\dfrac{5}{6}$ m

❷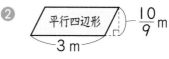
平行四辺形　$\dfrac{10}{9}$ m　3 m

（　　　　　）　　　　　（　　　　　）

4 次の⑦〜⑨のうち、積が $\dfrac{2}{5}$ より大きくなるものを選びましょう。

⑦ $\dfrac{2}{5} \times \dfrac{3}{4}$　　　　⑦ $\dfrac{2}{5} \times \dfrac{4}{3}$　　　　⑨ $\dfrac{2}{5} \times 1\dfrac{1}{2}$　〔8点〕

（　　　　　）

4 分数どうしのかけ算の意味やしかたを考えよう

❶ 分数×分数の計算 ② ❷ いろいろな計算
❸ 計算のきまり ❹ 逆数

 ／100点

1 縦の長さが $\frac{5}{3}$ m、横の長さが $\frac{21}{10}$ m の長方形の形をした学級

園があります。この学級園の面積は何 m² ですか。 1つ8〔16点〕

【式】

答え（ 　　　　　 ）

2 次の計算をしましょう。 1つ6〔48点〕

① $\frac{5}{8} \times 3\frac{1}{3}$ ② $8\frac{1}{3} \times \frac{9}{10}$

③ $2\frac{1}{5} \times 1\frac{9}{11}$ ④ $2\frac{1}{3} \times 1\frac{1}{14}$

⑤ $4 \times 1\frac{3}{5}$ ⑥ $3\frac{1}{4} \times 6$

⑦ $\frac{3}{4} \times \frac{3}{5} \times \frac{2}{3}$ ⑧ $4 \times \frac{5}{6} \times \frac{3}{4}$

3 くふうして計算しましょう。 1つ6〔12点〕

① $\left(\frac{2}{5} \times \frac{3}{4}\right) \times \frac{4}{3}$ ② $\frac{2}{7} \times \frac{3}{5} + \frac{2}{5} \times \frac{2}{7}$

4 次の数の逆数を求めましょう。 1つ6〔24点〕

① $\frac{6}{13}$ （ 　　　 ） ② $1\frac{2}{3}$ （ 　　　 ）

③ 1.8 （ 　　　 ） ④ 0.03 （ 　　　 ）

答えは
67ページ

5　分数どうしのわり算の意味やしかたを考えよう

❶ 分数÷分数の計算 ①

/100点

1 □にあてはまる数を書きましょう。

1つ8〔16点〕

① $\dfrac{3}{4} \div \dfrac{2}{5} = \dfrac{3}{4} \times \dfrac{\boxed{}}{\boxed{}} = \dfrac{3 \times \boxed{}}{4 \times \boxed{}} = \dfrac{\boxed{}}{\boxed{}}$

② $8 \div \dfrac{4}{3} = \dfrac{8}{\boxed{}} \times \dfrac{\boxed{}}{\boxed{}} = \dfrac{8 \times \boxed{}}{\boxed{} \times \boxed{}} = \boxed{}$

2 次の計算をしましょう。

1つ6〔36点〕

① $\dfrac{3}{5} \div \dfrac{2}{3}$

② $\dfrac{8}{9} \div \dfrac{1}{2}$

③ $\dfrac{6}{7} \div \dfrac{3}{5}$

④ $\dfrac{5}{8} \div \dfrac{15}{16}$

⑤ $\dfrac{5}{6} \div \dfrac{7}{2}$

⑥ $\dfrac{9}{4} \div \dfrac{3}{8}$

3 次の計算をしましょう。

1つ8〔32点〕

① $4 \div \dfrac{1}{6}$

② $\dfrac{4}{9} \div 6$

③ $\dfrac{1}{6} \div 7$

④ $3 \div \dfrac{15}{4}$

4 長さが $\dfrac{2}{3}$ m で、重さが $\dfrac{5}{12}$ kg の銅線があります。この銅線

1m の重さは何 kg ですか。

1つ8〔16点〕

【式】

答え（　　　　　　）

5　分数どうしのわり算の意味やしかたを考えよう

❶ 分数÷分数の計算 ①

／100点

1 次の計算をしましょう。　　　　　　　　　　　1つ5〔30点〕

❶ $\dfrac{3}{7} \div \dfrac{2}{5}$

❷ $\dfrac{3}{4} \div \dfrac{2}{3}$

❸ $\dfrac{5}{6} \div \dfrac{2}{5}$

❹ $\dfrac{2}{9} \div \dfrac{3}{4}$

❺ $\dfrac{9}{8} \div \dfrac{8}{7}$

❻ $\dfrac{3}{13} \div \dfrac{7}{6}$

2 次の計算をしましょう。　　　　　　　　　　　1つ5〔30点〕

❶ $\dfrac{5}{6} \div \dfrac{2}{9}$

❷ $\dfrac{4}{7} \div \dfrac{2}{5}$

❸ $\dfrac{2}{3} \div \dfrac{8}{9}$

❹ $\dfrac{3}{5} \div \dfrac{9}{10}$

❺ $\dfrac{12}{7} \div \dfrac{9}{14}$

❻ $\dfrac{5}{12} \div \dfrac{25}{16}$

3 次の計算をしましょう。　　　　　　　　　　　1つ5〔20点〕

❶ $6 \div \dfrac{3}{4}$

❷ $\dfrac{2}{7} \div 8$

❸ $9 \div \dfrac{6}{5}$

❹ $\dfrac{15}{8} \div 10$

4 $\dfrac{18}{7}$ dL でかべを 2 m² ぬれるペンキがあります。このペンキ 1 dL では、かべを何 m² ぬれますか。　　　　　　　　　　　1つ10〔20点〕

【式】

答え（　　　　　　　　　）

答えは
67ページ

5　分数どうしのわり算の意味やしかたを考えよう

❶ 分数÷分数の計算 ②

❷ どんな式になるかな

／100点

1 次の計算をしましょう。　　　　　　　　　　　　1つ6〔36点〕

① $1\dfrac{3}{5} \div \dfrac{5}{6}$

② $2 \div 3\dfrac{2}{3}$

③ $\dfrac{3}{4} \div 2\dfrac{1}{7}$

④ $\dfrac{4}{7} \div 1\dfrac{5}{11}$

⑤ $3\dfrac{1}{2} \div \dfrac{7}{8}$

⑥ $5\dfrac{4}{9} \div \dfrac{14}{15}$

2 次の計算をしましょう。　　　　　　　　　　　　1つ6〔36点〕

① $1\dfrac{3}{4} \div 2\dfrac{1}{3}$

② $5\dfrac{1}{2} \div 1\dfrac{4}{7}$

③ $3\dfrac{3}{5} \div 4\dfrac{1}{2}$

④ $3\dfrac{1}{3} \div 1\dfrac{2}{3}$

⑤ $1\dfrac{4}{7} \div 2\dfrac{5}{14}$

⑥ $1\dfrac{7}{8} \div 2\dfrac{11}{12}$

3 長さが $\dfrac{5}{12}$ m で、重さが $1\dfrac{5}{8}$ kg の鉄の棒（ぼう）があります。この鉄の棒 1 m の重さは何 kg ですか。　　　　　　　1つ7〔14点〕

【式】

答え（　　　　　　　　）

4 面積が $3\dfrac{1}{5}$ m²、横の長さが $1\dfrac{1}{7}$ m の長方形の形をした学級園があります。この学級園の縦（たて）の長さは何 m ですか。　　　　　1つ7〔14点〕

【式】

答え（　　　　　　　　）

5　分数どうしのわり算の意味やしかたを考えよう

❶ 分数÷分数の計算 ②

❷ どんな式になるかな

／100点

---

1 次の計算をしましょう。　　　　　　　　　　1つ8〔64点〕

① $1\dfrac{4}{5} \div 8\dfrac{1}{4}$

② $2\dfrac{2}{3} \div 3\dfrac{1}{5}$

③ $2\dfrac{4}{9} \div 3\dfrac{2}{3}$

④ $2\dfrac{7}{10} \div 1\dfrac{4}{5}$

⑤ $2\dfrac{1}{4} \div 1\dfrac{13}{14}$

⑥ $6\dfrac{1}{2} \div 8\dfrac{2}{3}$

⑦ $2\dfrac{1}{12} \div 4\dfrac{3}{8}$

⑧ $3\dfrac{7}{15} \div 2\dfrac{8}{9}$

2 長さが $2\dfrac{2}{3}$ m のリボンがあります。このリボンを $\dfrac{2}{9}$ m ずつに

切ると、何本のリボンができますか。　　　　　1つ7〔14点〕

【式】

答え（　　　　　　　）

3 面積が $3\dfrac{1}{3}$ m² で、底辺の長さが $1\dfrac{1}{9}$ m の平行四辺形がありま

す。この平行四辺形の高さは何 m ですか。　　　1つ7〔14点〕

【式】

答え（　　　　　　　）

4 商が 36 より大きくなるのはどれですか。　　　〔8点〕

㋐　$36 \div \dfrac{2}{3}$　　　　㋑　$36 \div \dfrac{3}{4}$　　　　㋒　$36 \div 1\dfrac{1}{5}$

（　　　　　　　）

答えは
68ページ

6　資料を代表する値やちらばりのようすを調べよう

❶ 代表値

／100点

1 右の表は、6年1組のソフトボール投げの記録をまとめたものです。　1つ16〔48点〕

❶ 平均値_{へいきんち}を求めましょう。

（　　　　　）

❷ いちばん長いきょりを求めましょう。（　　　　　）

❸ いちばん短いきょりを求めましょう。

ソフトボール投げの記録

番号	きょり(m)	番号	きょり(m)
1	24	11	19
2	26	12	21
3	21	13	24
4	24	14	22
5	28	15	22
6	19	16	23
7	25	17	25
8	17	18	30
9	22	19	27
10	24	20	27

2 **1** の記録をドットプロットに表しましょう。　〔20点〕

15 16 17 18 19 20 21 22 23 24 25 26 27 28 29 30 (m)

3 **1** の記録について、次の値_{あたい}を求めましょう。　1つ16〔32点〕

❶ 最頻値_{さいひんち}

（　　　　　）

❷ 中央値

（　　　　　）

6　資料を代表する値やちらばりのようすを調べよう
❶ 代表値

／100点

1 次のグラフは、6年1組と2組の50m走の記録を表したものです。

1つ10〔100点〕

1組

6.8 6.9 7.0 7.1 7.2 7.3 7.4 7.5 7.6 7.7 7.8 7.9 8.0 8.1 8.2 8.3 8.4 8.5 8.6 8.7 8.8 8.9 9.0 9.1 9.2 9.3 9.4 9.5 9.6 9.7 9.8 (秒)

2組

6.8 6.9 7.0 7.1 7.2 7.3 7.4 7.5 7.6 7.7 7.8 7.9 8.0 8.1 8.2 8.3 8.4 8.5 8.6 8.7 8.8 8.9 9.0 9.1 9.2 9.3 9.4 9.5 9.6 9.7 9.8 (秒)

❶ いちばん速い記録は、どちらの組ですか。

（　　　　　　　）

❷ 1組と2組のそれぞれで、いちばん速い記録といちばんおそい記録の差はどれだけありますか。

1組（　　　　　） 2組（　　　　　）

❸ それぞれの組の平均値を求めましょう。

1組（　　　　　） 2組（　　　　　）

❹ それぞれの組の最頻値を求めましょう。

1組（　　　　　） 2組（　　　　　）

❺ それぞれの組の中央値を求めましょう。

1組（　　　　　） 2組（　　　　　）

❻ 記録がよいのは、どちらの組といえますか。

（　　　　　　　）

答えは
68ページ

きほん
13

6　資料を代表する値やちらばりのようすを調べよう

❷　度数分布表と柱状グラフ ①

／100点

1 次の表は、6 年 2 組の反復横とびの記録です。

1つ10〔100点〕

反復横とびの記録(回)

40	27	42	50	33	48	37	45
56	46	38	46	39	49	29	47

❶　右の度数分布表を完成させましょう。

反復横とびの記録

回数(回)	人数(人)
20 以上〜30 未満	
30　〜40	
40　〜50	
50　〜60	
合　計	16

❷　人数がいちばん多い階級は、何回以上何回未満ですか。

（　　　　　　　　　　　）

❸　40 回以上の人は何人いますか。

（　　　　　　）

❹　50 回未満の人は何人いますか。

（　　　　　　）

❺　人数が 4 人の階級は、何回以上何回未満の階級ですか。

（　　　　　　　　　）

❻　回数が多い方から数えて 4 番目、11 番目の人は、それぞれ何回以上何回未満の階級に入りますか。

4 番目（　　　　　　　）

11 番目（　　　　　　　）

答えは
68ページ

6　資料を代表する値やちらばりのようすを調べよう

❷ 度数分布表と柱状グラフ ①

／100点

1 次の表は、6年1組と2組の50m走の記録です。

1つ10〔100点〕

1組の50m走の記録(秒)

8.1	8.5	7.6	8.3	9.5	7.3	7.9	8.9	9.8	8.1
6.9	9.7	8.2	7.9	8.1	8.4	8.0	9.0	7.7	8.6

2組の50m走の記録(秒)

8.4	7.9	7.0	8.1	9.3	6.9	7.7	8.7	9.6	7.8
6.8	9.4	7.6	8.1	8.2	7.9	9.0	7.8	7.4	8.5

❶　右下の表は、1組と2組の記録を度数分布表にまとめたものです。表の㋐〜㋓にあてはまる数を求めましょう。

㋐（　　　　　　）　㋑（　　　　　　）

㋒（　　　　　　）　㋓（　　　　　　）

❷　度数分布表の階級
の幅は何秒ですか。　（　　　　　　）

❸　8.0秒未満の人は、それぞれ何人
ですか。

1組（　　　　　　）　2組（　　　　　　）

❹　人数がいちばん多いのは、それぞれどの階級ですか。

1組（　　　　　　　　　　　）

2組（　　　　　　　　　　　）

❺　記録がよいのは、どちらの組といえますか。　（　　　　　　　　）

1組の50m走の記録

記録(秒)	人数(人)
6.0^{以上}〜7.0^{未満}	1
7.0 〜8.0	㋐
8.0 〜9.0	㋑
9.0 〜10.0	4
合　計	20

2組の50m走の記録

記録(秒)	人数(人)
6.0^{以上}〜7.0^{未満}	2
7.0 〜8.0	㋒
8.0 〜9.0	㋓
9.0 〜10.0	4
合　計	20

答えは
68ページ

6　資料を代表する値やちらばりのようすを調べよう

❷ 度数分布表と柱状グラフ ②

／100点

1 ▶ 右のグラフは、けんさんの組のテスト
の得点を表したものです。　1つ10〔40点〕

❶　全部で何人ですか。

（　　　　　　　）

❷　人数がいちばん多いのは何点以上何
点未満ですか。（　　　　　　　）

❸　70 点未満の割合は全体の何 % ですか。

（　　　　　　　）

❹　けんさんの得点は 86 点です。得点が高い方から数えて何番目
から何番目までのところに入りますか。

（　　　　　　　）

（人）　テストの得点

2 ▶ 右の表は、6 年 1 組の走り幅とびの記
録をまとめたものです。　1つ15〔60点〕

❶　右下に柱状グラフをかきましょう。

❷　度数がいちばん大きい階級は何 m 以
上何 m 未満ですか。また、全体をもと
にしたときのその度数の割合は何 %
ですか。

階級（　　　　　　　）

割合（　　　　　　　）

❸　遠くへとんだ方から数えて 6 番目の
人は、何 m 以上何 m 未満の階級に入
りますか。（　　　　　　　）

走り幅とびの記録

きょり(m)	人数(人)
1.5 以上〜2.0 未満	3
2.0　〜2.5	6
2.5　〜3.0	4
3.0　〜3.5	2
合　計	15

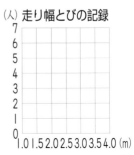

(人) 走り幅とびの記録

6　資料を代表する値やちらばりのようすを調べよう

❷ 度数分布表と柱状グラフ ②

/100点

1 次の表は、たけしさんのクラスの１日の勉強時間を調べたものです。

1つ10〔100点〕

１日の勉強時間(分)

31	36	20	12	35	55	27	27
15	22	35	41	38	26	47	58
22	40	36	24	29	35	50	19

❶　次の度数分布表を完成させて、柱状グラフをかきましょう。

１日の勉強時間(分)

時間(分)	人数(人)
10^{以上}〜20^{未満}	
20　〜30	
30　〜40	
40　〜50	
50　〜60	
合　計	

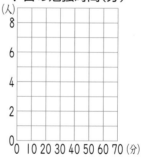

１日の勉強時間(分)

❷　度数がいちばん大きい階級は、何分以上何分未満ですか。また、全体をもとにしたときのその度数の割合は何％ですか。わり切れないときは、四捨五入して小数第一位まで求めましょう。

階級(　　　　　　　　　　　)　　割合(　　　　　　　　　　)

❸　勉強時間が長い方から数えて10番目の人は、何分以上何分未満の階級に入りますか。

(　　　　　　　　　　　　)

答えは
69ページ

きほん 15

7　落ちや重なりがないように整理しよう

❶ ならべ方

／100点

1 A、B、C の 3 人でリレーのチームを作り、1 人 1 回ずつ走ります。走る順番は、全部で何通りありますか。　〔20点〕

（　　　　　）

2 1、3、5 のカードが 1 枚ずつあります。この 3 枚のカードから 2 枚を使って、2 けたの整数を作ります。　1つ10〔60点〕

❶　次のとき、2 けたの整数は何通りできますか。

㋐　十の位が 1 のとき　　　　　　　（　　　　　）

㋑　十の位が 3 のとき　　　　　　　（　　　　　）

㋒　十の位が 5 のとき　　　　　　　（　　　　　）

❷　2 けたの整数は、全部で何通りできますか。　（　　　　　）

❸　5 の倍数は、何通りできますか。　（　　　　　）

❹　3 の倍数は、何通りできますか。　（　　　　　）

3 1 枚のコインを続けて 3 回投げます。　1つ10〔20点〕

❶　表や裏が出る出方は、全部で何通りありますか。

（　　　　　）

❷　裏が 2 回出る出方は、何通りありますか。

（　　　　　）

答えは
69ページ

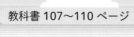

7　落ちや重なりがないように整理しよう

❶ ならべ方

／100点

1　A、B、C、D の 4 人が縦に 1 列にならびます。　1つ20〔40点〕

❶　A が先頭にくるならび方は、何通りありますか。

（　　　　　）

❷　B、C、D も同じように先頭にくるならび方を考えると、全部で何通りのならび方がありますか。

（　　　　　）

2　⓪、①、②、③ の 4 枚のカードがあります。　1つ12〔60点〕

❶　この 4 枚のカードから 2 枚を使って 2 けたの整数を作ると、整数は全部で何通りできますか。

（　　　　　）

❷　この 4 枚のカードから 3 枚を使って 3 けたの整数を作ると、整数は全部で何通りできますか。

（　　　　　）

❸　❷でできた 3 けたの整数のうち、奇数は何通りできますか。

（　　　　　）

❹　この 4 枚のカードを全部使って 4 けたの整数を作ると、整数は全部で何通りできますか。

（　　　　　）

❺　❹でできた 4 けたの整数のうち、偶数は何通りできますか。

（　　　　　）

答えは
69ページ

きほん **16**

7　落ちや重なりがないように整理しよう

❷ 組み合わせ方

／100点

1 A、B、C、D の 4 つのチームで、テニスの試合をします。どのチームとも 1 回ずつ試合をすると、全部で何試合になりますか。　〔20点〕

（　　　　　　　）

2 オレンジ、ぶどう、メロン、りんご、バナナの 5 つのジュースのうち、ちがう種類の 2 つを選んで混ぜてミックスジュースにします。組み合わせは、全部で何通りありますか。　〔20点〕

（　　　　　　　）

3 赤、青、黄の 3 つのボールがあります。この 3 つのボールから 2 つを取るとき、取り方は全部で何通りありますか。　〔20点〕

（　　　　　　　）

4 五円玉、十円玉、五十円玉、百円玉が 1 個ずつあります。この 4 個の中から 2 個を組み合わせてできる金額は全部で何通りありますか。　〔20点〕

（　　　　　　　）

5 なつきさんのチームは 5 人います。この 5 人から、リレーの選手を 2 人選びます。選び方は全部で何通りありますか。　〔20点〕

（　　　　　　　）

7　落ちや重なりがないように整理しよう

❷ 組み合わせ方

／100点

1 A、B、C、D、E、F の 6 つのチームで、サッカーの試合をします。どのチームとも 1 回ずつ試合をすると、全部で何試合になりますか。〔20点〕

（　　　　　）

2 赤、青、黄、緑、黒の 5 つのボールがあります。このうち 3 つを取るとき、取り方は全部で何通りありますか。〔20点〕

（　　　　　）

3 バナナ、メロン、りんご、もものうち、3 つをかごに入れたいと思います。入れ方は全部で何通りありますか。〔20点〕

（　　　　　）

4 はるなさんの班は 7 人います。この 7 人から 2 人を選んで図書係を決めることになりました。選び方は全部で何通りありますか。〔20点〕

（　　　　　）

5 1、2、3、4 の 4 枚のカードがあります。この 4 枚のカードから 3 枚を選んで和を求めます。和は全部で何通りありますか。〔20点〕

（　　　　　）

答えは
69ページ

きほん
17
教科書 117〜120 ページ

月　　日

8　小数や分数を使った計算のしかたを考えよう
❶ 小数と分数の混じった計算
❷ いろいろな問題

／100点

10分

1 □にあてはまる数を書きましょう。　　　1つ5〔10点〕

① $0.3 + \dfrac{1}{10} = \dfrac{3}{\boxed{}} + \dfrac{1}{10} = \dfrac{\boxed{}}{10} = \boxed{}$

② $\dfrac{3}{5} - 0.15 = \dfrac{3}{5} - \dfrac{15}{\boxed{}} = \dfrac{\boxed{}}{20} - \dfrac{3}{\boxed{}} = \dfrac{\boxed{}}{\boxed{}}$

2 次の計算をしましょう。　　　1つ9〔36点〕

① $0.7 + \dfrac{1}{2}$　　　② $\dfrac{1}{6} + 0.5$

③ $\dfrac{4}{9} - 0.4$　　　④ $0.9 - \dfrac{3}{5}$

3 次の計算をしましょう。　　　1つ9〔36点〕

① $\dfrac{3}{5} \times \dfrac{4}{7} \div 0.4$　　　② $24 \div 32 \times 16$

③ $0.4 \times \dfrac{3}{10} \div 0.24$　　　④ $0.8 \times 0.45 \div 0.2$

4 右の三角形の面積を求めましょう。　1つ9〔18点〕

【式】

答え（　　　　　　　）

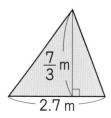

$\dfrac{7}{3}$ m

2.7 m

答えは
69ページ

8　小数や分数を使った計算のしかたを考えよう

❶ 小数と分数の混じった計算

❷ いろいろな問題

／100点

1 次の計算をしましょう。　　　　　　　　　1つ6〔24点〕

❶ $0.8+\dfrac{1}{5}$

❷ $\dfrac{3}{4}+0.15$

❸ $\dfrac{4}{5}-0.75$

❹ $2\dfrac{1}{6}-0.8$

2 次の計算をしましょう。　　　　　　　　　1つ6〔36点〕

❶ $\dfrac{5}{7}÷0.8×\dfrac{14}{25}$

❷ $35÷21×6$

❸ $2.8×\dfrac{3}{16}÷0.8$

❹ $0.18÷\dfrac{5}{9}÷0.45$

❺ $1.8×0.12÷0.81$

❻ $0.63÷0.18÷0.7$

3 1.6 m の重さが 20 g の針金があります。この針金 $\dfrac{2}{5}$ m の重さは何 g になりますか。　　　1つ10〔20点〕

【式】

答え（　　　　　　　）

4 定価 1500 円のくつを 30 ％ 引きで買いました。何円で買いましたか。　　　1つ10〔20点〕

【式】

答え（　　　　　　　）

答えは
69ページ

9　円の面積の求め方を考えよう

❶ 円の面積　❷ 円の面積を求める公式

❸ いろいろな面積

／100点

1 次の円の面積と、円周の長さを求めましょう。　1つ6〔48点〕

①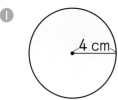

4 cm

【式】

面積（　　　　　）

円周（　　　　　）

②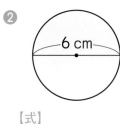

6 cm

【式】

面積（　　　　　）

円周（　　　　　）

2 次の図の面積を求めましょう。　1つ8〔32点〕

①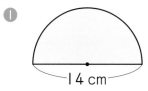

14 cm

【式】

答え（　　　　　）

②

5 cm

【式】

答え（　　　　　）

3 右の図の色のついた部分の面積を求めましょう。　1つ10〔20点〕

【式】

答え（　　　　　）

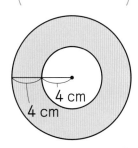

4 cm
4 cm

9　円の面積の求め方を考えよう
❶ 円の面積　❷ 円の面積を求める公式
❸ いろいろな面積

1 次の円の面積を求めましょう。　　1つ5〔20点〕

❶　直径20cmの円

【式】

答え（　　　　　　）

❷　円周25.12cmの円

【式】

答え（　　　　　　）

2 次の図の色のついた部分の面積を求めましょう。　　1つ10〔80点〕

❶
10 cm
10 cm
【式】

答え（　　　　　　）

❷
7 cm　　　7 cm
7 cm　7 cm
【式】

答え（　　　　　　）

❸
3 cm
4 cm
【式】

答え（　　　　　　）

❹
6 cm　　6 cm
【式】

答え（　　　　　　）

答えは
69ページ

9　円の面積の求め方を考えよう
❹ およその面積

／100点

1 右の図のような形をした島があります。この島の形を台形とみて、およその面積を求めましょう。　1つ20〔40点〕

【式】

答え（　　　　　　　　　）

2 右の図は、琵琶湖のおよその形を表したものです。　1つ10〔30点〕

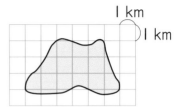

❶　琵琶湖はおよそどんな形とみられますか。

（　　　　　　　　）

❷　琵琶湖のおよその面積を求めましょう。

【式】

答え（　　　　　　　　　）

3 右の図は、北海道のおよその形を表したものです。　1つ10〔30点〕

❶　北海道はおよそどんな形とみられますか。

（　　　　　　　　）

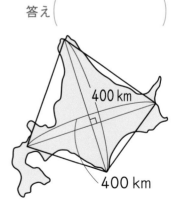

❷　北海道のおよその面積を求めましょう。

【式】

答え（　　　　　　　　　）

答えは
70ページ

9　円の面積の求め方を考えよう
❹　およその面積

／100点

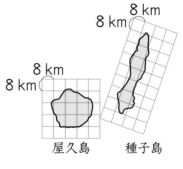

1 右の図は、鹿児島県の屋久島と種子島のおよその形を表したものです。

1つ10〔40点〕

❶　屋久島の形を円とみて、およその面積を求めましょう。

【式】

答え（　　　　　　　　）

❷　種子島の形を長方形とみて、およその面積を求めましょう。

【式】

答え（　　　　　　　　）

2 右の図は、北海道の洞爺湖と支笏湖のおよその形を表したものです。　1つ15〔60点〕

❶　洞爺湖の形を円とみて、およその面積を求めましょう。

【式】

答え（　　　　　　　　）

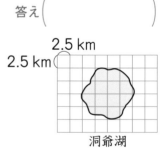

洞爺湖

❷　支笏湖の形を長方形とみて、およその面積を求めましょう。

【式】

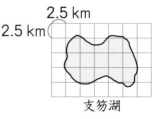

支笏湖

答え（　　　　　　　　）

答えは
70ページ

10　立体の体積の求め方と公式を考えよう

❶ 角柱の体積　❷ 円柱の体積

❸ いろいろな形の体積

／100点

1 次の角柱や円柱の体積を求めましょう。　　　1つ10〔100点〕

① 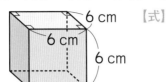　【式】

6 cm　6 cm　6 cm

答え（　　　　　　　）

② 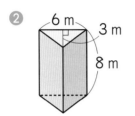　【式】

6 m　3 m　8 m

答え（　　　　　　　）

③ 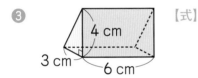　【式】

4 cm　3 cm　6 cm

答え（　　　　　　　）

④ 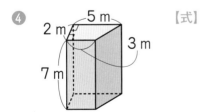　【式】

5 m　2 m　3 m　7 m

答え（　　　　　　　）

⑤ 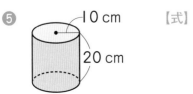　【式】

10 cm　20 cm

答え（　　　　　　　）

答えは
70ページ

教科書 144〜150 ページ　　　　月　　　日

10　立体の体積の求め方と公式を考えよう

❶ 角柱の体積　❷ 円柱の体積

❸ いろいろな形の体積

／100点

1 次のような立体の体積を求めましょう。　　　　1つ10〔60点〕

❶ 【式】
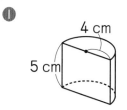
4 cm
5 cm

答え（　　　　　　　）

❷ 【式】
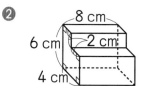
8 cm
6 cm　2 cm
4 cm

答え（　　　　　　　）

❸ 【式】

3 m　3 m
12 m

答え（　　　　　　　）

2 およその体積や容積を求めましょう。　　　　1つ10〔40点〕

❶ クッキーの箱　【式】
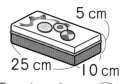
5 cm
25 cm　10 cm

答え（　　　　　　　）

❷ 水とう　3 cm 【式】
20 cm

答え（　　　　　　　）

答えは
70ページ

きほん 21

11 割合の表し方と利用のしかたを考えよう

❶ 比と比の値

❷ 等しい比

／100点

---

1 次の比の値を求めましょう。 1つ6〔24点〕

❶ 3 : 4 （　　　　）　　❷ 30 : 45 （　　　　）

❸ 24 : 18 （　　　　）　　❹ 25 : 5 （　　　　）

2 x にあてはまる数を求めましょう。 1つ6〔24点〕

❶ 4 : 3 ＝ x : 6　　　　❷ 3 : 7 ＝ 27 : x

（　　　　）　　　　　　　　（　　　　）

❸ x : 40 ＝ 6 : 5　　　　❹ 36 : x ＝ 9 : 8

（　　　　）　　　　　　　　（　　　　）

3 次の比を簡単にしましょう。 1つ6〔24点〕

❶ 20 : 5 （　　　　）　　❷ 24 : 16 （　　　　）

❸ 3.6 : 2.7 （　　　　）　　❹ $\dfrac{4}{5}$: $\dfrac{3}{10}$ （　　　　）

4 かずきさんは野球をやり、40回打って14本のヒットを打ちました。 1つ14〔28点〕

❶ ヒットの数と打った回数の比の値を求めましょう。

（　　　　）

❷ かずきさんがこの割合でヒットを打つとすれば、60回打って何本のヒットを打つことになりますか。

（　　　　）

答えは 70ページ

かくにん 21

11　割合の表し方と利用のしかたを考えよう

❶ 比と比の値

❷ 等しい比

／100点

1 次の比の値を求めましょう。　　　　　　　　　　　1つ6〔24点〕

❶ 6：2　　（　　　　）　　❷ 4：14　　（　　　　）

❸ 27：30　（　　　　）　　❹ 18：16　（　　　　）

2 x にあてはまる数を求めましょう。　　　　　　　1つ6〔24点〕

❶ 45：25＝x：5　　　　　❷ x：8＝21：24

（　　　　）　　　　　　　（　　　　）

❸ 50：30＝20：x　　　　❹ 1.5：x＝0.5：3

（　　　　）　　　　　　　（　　　　）

3 次の比を簡単にしましょう。　　　　　　　　　　1つ6〔24点〕

❶ 18：16　（　　　　）　　❷ 4.9：2.1　（　　　　）

❸ $\dfrac{4}{3}$：$\dfrac{3}{4}$　（　　　　）　　❹ $\dfrac{3}{5}$：$1\dfrac{1}{6}$　（　　　　）

4 クッキー 10 枚分を作るには、小麦粉 100g、バター 40g、
さとう 30g、卵 25g が必要だそうです。　　　1つ14〔28点〕

❶ クッキー 30 枚分を作るには、小麦粉とバターはそれぞれ何 g
用意したらよいですか。　　（　　　　）と（　　　　）

❷ クッキー 15 枚分を作るには、さとうと卵はそれぞれ何 g
用意したらよいですか。　　（　　　　）と（　　　　）

答えは
70ページ

11　割合の表し方と利用のしかたを考えよう
❸ 比の利用

／100点

1 右の図のような、縦12cm、横9cmの長方形㋐があります。　1つ20〔40点〕

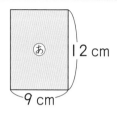

㋐　12cm

9cm

❶　縦と横の長さの比が長方形㋐と等しく、横の長さが27cmの長方形㋑があります。長方形㋑の縦の長さは何cmですか。

（　　　　　）

❷　縦と横の長さの比が長方形㋐と等しく、縦の長さが60cmの長方形㋒があります。長方形㋒の横の長さは何cmですか。

（　　　　　）

2 赤いテープと青いテープの長さの比は4：3で、青いテープの長さは36cmです。赤いテープの長さは何cmですか。　1つ10〔20点〕
【式】

答え（　　　　　）

3 りんごとみかんの個数の比は4：5で、あわせて45個あります。みかんの個数は何個ですか。　1つ10〔20点〕
【式】

答え（　　　　　）

4 兄と弟のおこづかいの比を5：3にします。兄のおこづかいを2000円とすると、弟のおこづかいはいくらになりますか。
【式】　　　　　　　　　　　　　　　　1つ10〔20点〕

答え（　　　　　）

11　割合の表し方と利用のしかたを考えよう
❸ 比の利用

／100点

1 高さ 1.4m の木のかげの長さを測ったら、2.1m ありました。このとき、となりにある木のかげの長さは 3.6m ありました。となりの木の高さは、何m ですか。　〔20点〕

（　　　　　　　）

2 カレーライス用のご飯をたくのに、米と水の重さの比を 5：7 にしようと思います。米が 900g のときには、水は何g 用意したらよいですか。　1つ10〔20点〕

【式】

答え（　　　　　　）

3 3m のリボンがあります。えみさんと妹の比が 3：2 になるように分けました。えみさんのリボンの長さは何cm ですか。

【式】　　　　　　　　　　　　　　1つ10〔20点〕

答え（　　　　　　）

4 空気の中の酸素とちっ素の体積の比を 1：4 とします。空気 6000cm³ の中には、酸素が何cm³ ふくまれていますか。

【式】　　　　　　　　　　　　　　1つ10〔20点〕

答え（　　　　　　）

5 まわりの長さが 224cm で、縦と横の長さの比が 3：4 の長方形があります。縦と横の長さは、それぞれ何cm ですか。　1つ10〔20点〕

【式】

答え（縦　　　　　、横　　　　　　）

答えは 70ページ

12　同じに見える形の性質やかき方を調べよう

❶ 図形の拡大図・縮図

❷ 拡大図と縮図のかき方

／100点

1 次の⑦の図の拡大図と縮図はどれですか。また、それらは何倍の拡大図と何分の１の縮図ですか。

1つ10〔40点〕

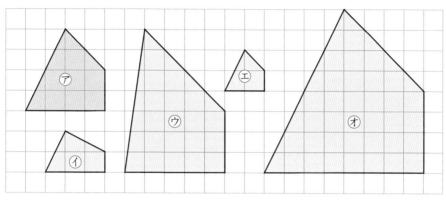

拡大図（　　）（　　　　　）　　縮図（　　）（　　　　　）

2 右の三角形 ABC の 2 倍の拡大図と、$\frac{1}{2}$ の縮図をかきましょう。

1つ30〔60点〕

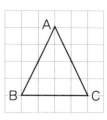

❶　2 倍の拡大図

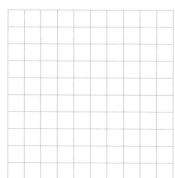

❷　$\frac{1}{2}$ の縮図

ポイント

✐ 対応する辺の長さの比を、それぞれ等しくなるようにします。

答えは71ページ

12　同じに見える形の性質やかき方を調べよう

❶ 図形の拡大図・縮図

❷ 拡大図と縮図のかき方

/100点

1 右の図の三角形 DBE は、三角
形 ABC の拡大図です。　1つ20〔60点〕

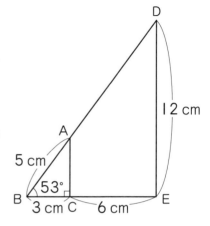

❶ 辺 DB の長さは何cm ですか。

(　　　　　　　　)

❷ 辺 AC の長さは何cm ですか。

(　　　　　　　　)

❸ 角 D の大きさは何度ですか。

(　　　　　　　　)

2 点 B を中心にして、次の四角形 ABCD の 2 倍の拡大図と、
$\frac{1}{2}$ の縮図をかきましょう。　　　1つ20〔40点〕

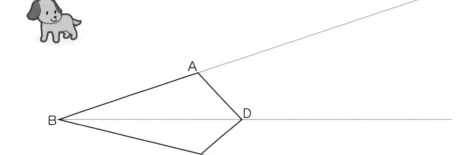

答えは
71ページ

月　　日

きほん 24

12　同じに見える形の性質やかき方を調べよう

❸ 縮図の利用

/100点

1 次の縮尺を分数の形と比の形で表しましょう。　1つ10〔40点〕

❶ 100m を 1cm に縮めてかいた地図

分数（　　　　　　　）　比（　　　　　　　）

❷ 4km を 2cm に縮めてかいた地図

分数（　　　　　　　）　比（　　　　　　　）

2 実際の長さが 6km あるところは、次の縮尺の地図の上では、何cm になりますか。　1つ15〔30点〕

❶ $\dfrac{1}{30000}$

ポイント
🖊 1km＝1000m
　　＝100000cm

（　　　　　　　）

❷ 1：200000

（　　　　　　　）

3 縮尺 1：2000 の地図上に台形の土地がかいてあります。その長さを測ったら、右の図のようになりました。　1つ10〔30点〕

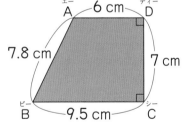

❶ AD の長さは、実際には何m ですか。

（　　　　　　　）

❷ この土地のまわりの長さは、実際には何m ですか。

（　　　　　　　）

❸ この土地の面積は、実際には何m² ですか。

（　　　　　　　）

かくにん 24

10分

12　同じに見える形の性質やかき方を調べよう

❸ 縮図の利用

／100点

1 次の縮尺を分数の形と比の形で表しましょう。　1つ10〔60点〕

❶ 20km を 5cm に縮めてかいた地図

分数（　　　　　）　比（　　　　　）

❷ 10km を 4cm に縮めてかいた地図

分数（　　　　　）　比（　　　　　）

❸ 50km を 8cm に縮めてかいた地図

分数（　　　　　）　比（　　　　　）

2 縮尺が 1：50000 の地図の上で長さを測ると、次のようになりました。実際の長さは何km ですか。　1つ10〔20点〕

❶ 3cm　　　　　　　　　　　　（　　　　　）

❷ 0.4cm　　　　　　　　　　　（　　　　　）

3 下の図のような建物があります。この建物の高さは実際には約何m ですか。縮図をかいて求めましょう。

〔20点〕

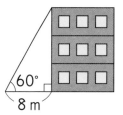

60°
8 m

（　　　　　）

答えは
71ページ

きほん
25

13　２つの量の変化や対応の特ちょうを調べよう
❶ 比例

/100点

1 平行四辺形の高さを決めておいて、底辺の長さを変えていった
ときの底辺の長さ x cm と面積 y cm² の関係は、次の表のよう
になり、比例の関係になります。

1つ8〔48点〕

底辺 x (cm)	2	3	4	5	6	⑦	8	㋑
面積 y (cm²)	4	6	㋐	㋑	12	14	16	18

❶　$y \div x$ の商を求めましょう。

（　　　　　）

❷　x と y の関係を式に表しましょう。

（　　　　　）

❸　㋐〜㋓にあてはまる数を求めましょう。

㋐（　　　）　㋑（　　　）　㋒（　　　）　㋓（　　　）

2 次の表で、y が x に比例するものには○、比例しないものには
×をつけましょう。

1つ13〔52点〕

❶
x (分)	1	2	3	4	5
y (L)	3	6	9	12	15

（　　　　　）

❷
x (cm)	2	4	6	8	10
y (cm)	10	15	20	25	30

（　　　　　）

❸
x (cm)	4	5	8	13	20
y (g)	20	25	40	65	100

（　　　　　）

❹
x (分)	0.5	1	1.5	2	2.5
y (cm)	1	2	3	4	5

（　　　　　）

答えは
71ページ

13　2つの量の変化や対応の特ちょうを調べよう

❶ 比例

／100点

1 次の表は、直方体の形をした水そうに入れた水の量 x L と水の深さ y cm の関係を表したものです。

1つ12〔60点〕

水の量 x(L)	2	3	5	6	9	㋑	12
水の深さ y(cm)	8	12	20	㋐	36	40	48

❶　y は x に比例していますか。　（　　　　　　　）

❷　x と y の関係を式に表しましょう。（　　　　　　　）

❸　㋐、㋑にあてはまる数を求めましょう。

㋐（　　　　　）　㋑（　　　　　）

❹　入っている水の量が 16L のとき、水の深さは何cm ですか。

（　　　　　　　）

2 同じ種類のくぎ 15 本の重さを量ったら 30g ありました。

1つ10〔40点〕

❶　くぎの本数を x 本、全体の重さを yg として、x と y の関係を式に表しましょう。　（　　　　　　　）

❷　このくぎ 45 本の重さは何g になりますか。（　　　　　　　）

❸　このくぎ 3 本の重さは何g になりますか。（　　　　　　　）

❹　このくぎが 240g あるとき、くぎは何本あるといえますか。

（　　　　　　　）

答えは
71ページ

13　2つの量の変化や対応の特ちょうを調べよう

❷ 比例のグラフ

/100点

1 水道のじゃ口から 1 分間に 2L ずつ水が出ています。次の表は、水を入れた時間 x 分と水の量 y L の関係を表したものです。

時間 x（分）	2	4	6
水の量 y（L）	㋐	㋑	㋒

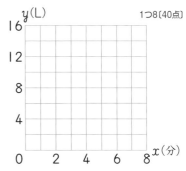

1つ8〔40点〕

❶ ㋐〜㋒にあてはまる数を求めましょう。

㋐（　　　）　㋑（　　　）　㋒（　　　）

❷ x と y の関係を表すグラフを右上の図にかきましょう。

❸ 8 分間に出る水の量は何L ですか。　（　　　　　）

2 次のグラフは、A さんと B さんが自転車で同じコースを同時に出発したときの、走った時間と道のりの関係を表しています。

1つ20〔60点〕

❶ B さんが 4 分間に走った道のりは、何m ですか。

（　　　　　）

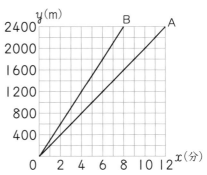

❷ A さんが 1600m 走るのにかかった時間は、何分ですか。

（　　　　　）

❸ 出発してから 6 分後に、A さんと B さんは何m はなれていますか。

（　　　　　）

答えは
71ページ

かくにん 26

13　2つの量の変化や対応の特ちょうを調べよう
❷ 比例のグラフ

/100点

1️⃣ 次のグラフは、ある自動車の走った時間 x 分と道のり y km の関係を表したものです。

1つ10〔30点〕

❶ 10分間で何km走りましたか。（　　　　）

❷ 30km走るのに、何分かかりますか。（　　　　）

❸ このまま同じ速さで走ったとすると、40分間に何km走りますか。（　　　　）

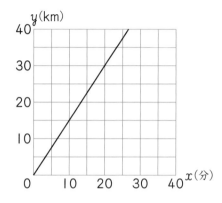

2️⃣ 右のグラフは、自動車3台の走った道のりと使ったガソリンの関係を表したものです。

1つ10〔70点〕

❶ 1Lのガソリンで走る道のりがいちばん長い自動車はどれですか。（　　　　）

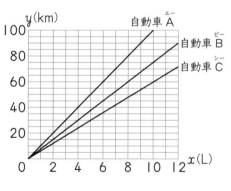

❷ 自動車A、B、Cが60km走るのに必要なガソリンは、何Lですか。

A（　　　　）　B（　　　　）　C（　　　　）

❸ 自動車A、B、Cが10Lのガソリンで走る道のりは、何kmですか。

A（　　　　）　B（　　　　）　C（　　　　）

答えは
71ページ

きほん 27

13　2つの量の変化や対応の特ちょうを調べよう
❸ 比例の性質の利用

／100点

1 卵 2kg の代金は 680 円です。この卵 5kg の代金は何円ですか。

1つ8〔16点〕

【式】

答え（　　　　　　）

2 同じ種類のくぎがあります。全体の重さは 375g です。このくぎ 10 本の重さは 25g です。全体のくぎは何本ですか。

1つ8〔16点〕

【式】

答え（　　　　　　）

3 リボンを 3m 買ったら代金が 450 円でした。

1つ8〔32点〕

❶　このリボン 7m の代金は何円ですか。

【式】

答え（　　　　　　）

❷　990 円では、このリボンが何m 買えますか。

【式】

答え（　　　　　　）

4 20 分間に 16km 進む自動車があります。

1つ9〔36点〕

❶　この自動車は 1 時間に何km 進みますか。

【式】

答え（　　　　　　）

❷　この自動車は 36km 進むのに何分かかりますか。

【式】

答え（　　　　　　）

答えは
71ページ

13　２つの量の変化や対応の特ちょうを調べよう

❸ 比例の性質の利用

／100点

---

1 3dL の重さが 285g の油があります。この油 8.5dL の重さは何 g ですか。　　　　　　　　　　1つ10〔20点〕

【式】

答え（　　　　　　　）

2 同じメダルが何個かあって、全体の重さは 450g です。このメダルの中から 8 個を取り出してその重さを量ったら 30g でした。このメダルは全部で何個ありますか。　　　1つ10〔20点〕

【式】

答え（　　　　　　　）

3 ねん土で自動車の形を作り、その重さを量ったら 450g でした。これと同じねん土で 1 辺が 2cm の立方体を作り、その重さを量ったら 12g でした。この自動車の体積は何 cm³ ですか。

【式】　　　　　　　　　　　　　　　　1つ15〔30点〕

答え（　　　　　　　）

4 かげの長さは、ものの高さに比例します。
校庭の木のかげの長さを測ったら 4.2m でした。このとき、垂直に立てた 1m の棒のかげの長さは 0.6m でした。木の高さは何 m ですか。　　　　　　　　　　1つ15〔30点〕

【式】

答え（　　　　　　　）

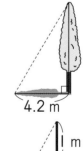

4.2 m

1 m

0.6 m

答えは
72ページ

13 2つの量の変化や対応の特ちょうを調べよう
❹ 反比例

／100点

1 次の表は、ある決まった面積の長方形の縦の長さ x cm と横の長さ y cm の変わり方を表したものです。

1つ12〔60点〕

縦 x（cm）	1	2	3	4	5	6	10	⦿
横 y（cm）	60	30	20	㋐	12	10	6	5

❶ 横の長さは縦の長さに反比例しますか。（　　　　　）

❷ x と y の関係を式に表しましょう。（　　　　　）

❸ ㋐、⦿にあてはまる数を求めましょう。　　　㋐（　　　）　⦿（　　　）

❹ x の値が 1.5 のときの y の値を求めましょう。（　　　）

2 次の表は、自動車で A 町から B 町まで行くときの、時速 x km とかかる時間 y 時間の関係を表したものです。

1つ8〔40点〕

時速 x（km）	10	20	30	40	50	60
かかる時間 y（時間）	15	7.5	5	3.75	3	2.5

❶ x と y の積は何を表していますか。また、いくつですか。
（　　　　　）（　　　　　）

❷ x と y の関係を式に表しましょう。（　　　　　）

❸ 自動車の時速が 25km のとき、A 町から B 町まで行くのにかかる時間はどれだけになりますか。

【式】

答え（　　　　　）

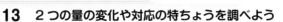

13　2つの量の変化や対応の特ちょうを調べよう
❹ 反比例

/100点

1 次の2つの量が反比例するものには○、反比例しないものには×をつけましょう。

1つ10〔40点〕

❶　時速4kmで歩く人の歩く時間と進むきょり（　　　　）

❷　ろうそくを燃やしたときの時間と残りの長さ（　　　　）

❸　120kmの道のりを自動車で行くときの時速とかかる時間（　　　　）

❹　面積が40cm²の平行四辺形の底辺の長さと高さ（　　　　）

2 直方体の形をした水そうに水を入れます。次の表は、1分間に入れる水の量 x L と水そうをいっぱいにするのにかかる時間 y 分の関係を表したものです。

1つ10〔60点〕

1分間に入れる水の量 x(L)	2	4	8	10	㋒
かかる時間 y(分)	㋐	㋑	㋒	3.2	2

❶　㋐〜㋓にあてはまる数を求めましょう。

㋐(　　　) ㋑(　　　) ㋒(　　　) ㋓(　　　)

❷　水そうには全部で何Lの水が入りますか。

（　　　　　）

❸　x と y の関係を式に表しましょう。

（　　　　　）

答えは
72ページ

14　いろいろな問題を解決しよう

/100点

1 えりさんは、学校内ではどんなけがが多いか、また、何時ごろのけがが多いかを1か月間調べ、次のような表にまとめました。　1つ20〔100点〕

けがの種類

種類	人数(人)
すりきず	3
だぼく	7
ねんざ	4
きりきず	5
骨折	2
合計	21

けがをした時間

時間(時)	人数(人)	時間(時)	人数(人)
0　〜8	1	12　〜13	1
8　〜9	3	13　〜14	4
9　〜10	1	14　〜15	1
10　〜11	5	15　〜16	2
11　〜12	2	16　〜24	1

❶　右の図に、けがの種類の棒グラフをかきましょう。

❷　いちばん多いけがは何ですか。

（　　　　　　　　　）

❸　いちばんけがが多い時間は、何時から何時ですか。

（　　　　　　　　　）

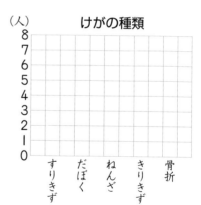

けがの種類

（人）
8
7
6
5
4
3
2
1
0

すりきず　だぼく　ねんざ　きりきず　骨折

❹　午前と午後では、どちらの方がけがが多いですか。

（　　　　　　　　　）

❺　けががいちばん多い時間帯と、2番目に多い時間帯を合わせると、全体をもとにしたときのその人数の割合は、何％ですか。四捨五入して整数で答えましょう。

（　　　　　　　　　）

14　いろいろな問題を解決しよう

／100点

1 右の表は、2024 年にある地点で 1mm 以上雨が降った日数を月ごとに調べた結果です。

1つ7〔84点〕

降雨日数（日）

月	日数
1	5
2	3
3	9
4	7
5	13
6	13
7	5
8	5
9	17
10	7
11	4
12	8
合計	㋐

❶　表の㋐にあてはまる数を求めましょう。（　　　　　）

❷　平均値を求めましょう。（　　　　　）

❸　度数分布表を完成させましょう。

降雨日数

日数（日）	月
3以上〜6未満	
6　〜9	
9　〜12	
12　〜15	
15　〜18	
合　計	

❹　降雨日数がもっとも多かったのは何月ですか。

（　　　　　）

❺　降雨日数がもっとも少なかったのは何月ですか。

（　　　　　）

❻　最頻値、中央値をそれぞれ求めましょう。

最頻値（　　　　　）　中央値（　　　　　）

2 **1** ❸で作った表をもとにして、柱状グラフをかきましょう。〔16点〕

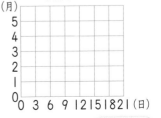

降雨日数

(月)

0　3　6　9　12 15 18 21 (日)

答えは
72ページ

かくにん 30

15　6年間の算数の復習をしよう
力だめし ①　数と計算、式

10分

／100点

1 次の数は、〔　〕の中の数が何個集まった数ですか。　　1つ5〔20点〕

❶ 6400 〔10〕（　　　　　　）　　❷ 700000 〔100〕（　　　　　　）

❸ 30.8 〔0.1〕（　　　　　　）　　❹ 12.06 〔0.01〕（　　　　　　）

2 次の5つの数を小さい方から順にならべましょう。　　〔10点〕

$\dfrac{7}{4}$、1.7、$1\dfrac{3}{5}$、1.58、$\dfrac{12}{7}$　　（　　　　　　　　　　　）

3 次の計算をしましょう。　　1つ5〔40点〕

❶ $5670 \div 42$　　　　　　　❷ $41.6 - 24.7$

❸ $14.5 \div 5.8$　　　　　　　❹ $2\dfrac{5}{24} - \dfrac{7}{8}$

❺ $1\dfrac{2}{3} \times \dfrac{1}{2}$　　　　　　　❻ $\dfrac{7}{18} \div \dfrac{14}{27}$

❼ $10 - 2 \times (8 - 3)$　　　　❽ $3.17 \times 2.5 \times 8$

4 次の x にあてはまる数を求めましょう。　　1つ10〔20点〕

❶ $x + 4.8 = 7.2$　　　　　❷ $x \times \dfrac{3}{4} = \dfrac{7}{8}$

（　　　　　　）　　　　　　　　（　　　　　　）

5 12と20の最小公倍数と最大公約数を求めましょう。　1つ5〔10点〕

最小公倍数（　　　　　）　　最大公約数（　　　　　）

答えは
72ページ

かくにん **31**

15　6年間の算数の復習をしよう

力だめし ② 　図形 ①

／100点

1 次の問いに答えましょう。　　　　　1つ10〔20点〕

❶　円周の長さが 43.96 cm の円の半径は、
何 cm ですか。　　　　　　　　　（　　　　　）

❷　直径 48 cm の円の円周は、直径 12 cm の円の円周の何倍
ですか。　　　　　　　　　　　　（　　　　　）

2 次の図の色のついた部分の面積を求めましょう。　1つ10〔20点〕

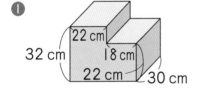

❷　平行四辺形

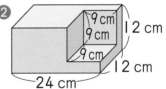

（　　　　　）　　　　　　（　　　　　）

3 次の立体の体積を求めましょう。　　　1つ15〔60点〕

❶　　　　　　　　　　❷

（　　　　　）　　　　　　（　　　　　）

❸　　　　　　　　　　❹

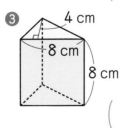

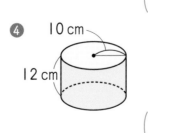

（　　　　　）　　　　　　（　　　　　）

答えは
72ページ

15　6年間の算数の復習をしよう

力だめし ③　図形 ②

／100点

1 次の図形で、角⑦の大きさを求めましょう。　　1つ10〔30点〕

❶　三角形

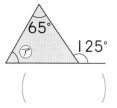

❷　平行四辺形

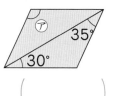

❸　正方形と二等辺三角形

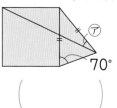

(　　　　　)　(　　　　　)　(　　　　　)

2 右の図の直方体の展開図を組み立てます。　　1つ15〔30点〕

❶　面⓪と平行になる面は、
どの面ですか。

(　　　　　)

❷　辺FGと平行になる辺は、どの辺ですか。

(　　　　　)

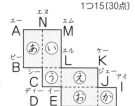

3 次の図の中で線対称な形はどれですか。また、点対称な形はどれですか。記号で書きましょう。　　1つ10〔20点〕

⑦ 　　④ 　　⑦ 　　④ 　　⑦

線対称(　　　　　)　　点対称(　　　　　)

4 右の図の三角形 DEF は、三角形
ABC の拡大図です。　　1つ10〔20点〕

❶　辺 DE の長さは
何cm ですか。
(　　　　　)

❷　角 F の大きさは
何度ですか。
(　　　　　)

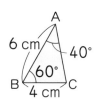

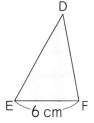

答えは
72ページ

15　6年間の算数の復習をしよう

力だめし ④　測定・変化と関係・データの活用

/100点

1 次の問いに答えましょう。　　　　　　　　　　　　1つ10〔30点〕

❶ 1.5L入る水とうに、1.1Lの水が入っています。あと何mLの水が入りますか。　（　　　　　）

❷ 6.3kmの道のりを分速60mの速さで歩くと、何時間何分かかりますか。　（　　　　　）

❸ ゆみさんは、秒速4mで3分間走りました。あと何m走れば1km走ったことになりますか。　（　　　　　）

2 下の表は、学校前の通りを走っていた800台の乗り物を調べたものです。乗用車、タクシーは、それぞれ全体の何％ですか。

1つ15〔30点〕

種類	乗用車	トラック	タクシー	その他
台数（台）	416	184	88	112

乗用車（　　　　　）　タクシー（　　　　　）

3 次の2つの数量について、xとyの関係を式に表しましょう。また、yがxに比例するときは「比」、反比例するときは「反」と書きましょう。

1つ10〔40点〕

❶ 正八角形の1辺の長さ$x$cmとまわりの長さ$y$cm
（　　　　　）（　　　　　）

❷ 面積が50cm²の三角形の底辺の長さ$x$cmと高さ$y$cm
（　　　　　）（　　　　　）

答えは
72ページ

答え

1 ① ○ ② ○ ③ ×

2 ① 点 H

② 辺 CD

③ 角 F

3 右の図

★ ★ ★

1 ① ㋐、㋑、㋒

②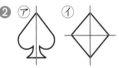

2 ① 点 K ② 辺 DE ③ 角 C

④ 直線 HM

⑤ 垂直に交わっている

2

1 ① × ② × ③ ○

2 ① 点 E

② 辺 GH

③ 角 C

3 右の図

★ ★ ★

1 ① ㋑、㋓

②

2 ① 点 Ⅰ ② 辺 AB ③ 角 C

④ 直線 GO

⑤ 直線 AO

⑥ 右の図

3

1 線対称　㋐、㋓、㋔、㋕、㋖、㋗
　　点対称　㋒、㋓、㋔、㋕、㋗

2 ① 2 本 ② 6 本

★ ★ ★

1 ① ② ③

2 ① ② ③

3 八角形

4 平行四辺形

4

1 $(130 \times x)$円

2 ① 15 個 ② $(x \times 2 + 3)$個

③ 23 個

3 ① $(x \times 5 + 4)$枚 ② 104 枚

11・12ページ
13・14ページ
15・16ページ
17・18ページ

1 ① (左から)6、12、18、24
② $x \times 6 = y$

2 ① (左から)25、50、150
② $5 \times x = y$ ③ $15 \times x = y$

5

1 ① 15 ② 17 ③ 24
④ 8.8 ⑤ 6 ⑥ 63

2 ① $x + 15$ ② 27L

3 ① $x \times 8$ ② 5.5 cm

★ ★ ★

1 ① $(x \times 4 + 2)$個

②

x	11	12	13	14
$x \times 4$	44	48	52	56
$x \times 4 + 2$	46	50	54	58

14個

2 ① ① ② ⑦ ③ ① ④ ⑦

6

1 ① 3、3、9、1、4
② 5、2、5、1、1 ③ 4、12、16

2 ① $\dfrac{2}{5}$ ② $6\dfrac{1}{4}\left(\dfrac{25}{4}\right)$

③ $4\dfrac{1}{2}\left(\dfrac{9}{2}\right)$ ④ $3\dfrac{1}{3}\left(\dfrac{10}{3}\right)$

⑤ $9\dfrac{5}{8}\left(\dfrac{77}{8}\right)$ ⑥ $16\dfrac{1}{2}\left(\dfrac{33}{2}\right)$

3 $\dfrac{7}{8} \times 12 = 10\dfrac{1}{2}$ $10\dfrac{1}{2}\left(\dfrac{21}{2}\right)$ kg

★ ★ ★

1 ① $\dfrac{6}{7}$ ② $5\dfrac{5}{6}\left(\dfrac{35}{6}\right)$ ③ $1\dfrac{1}{3}\left(\dfrac{4}{3}\right)$

④ $1\dfrac{2}{3}\left(\dfrac{5}{3}\right)$ ⑤ $4\dfrac{2}{3}\left(\dfrac{14}{3}\right)$ ⑥ 24

⑦ $6\dfrac{6}{7}\left(\dfrac{48}{7}\right)$ ⑧ $6\dfrac{3}{4}\left(\dfrac{27}{4}\right)$

⑨ $49\dfrac{1}{2}\left(\dfrac{99}{2}\right)$ ⑩ 38

2 $1\dfrac{1}{5} \times 3 = 3\dfrac{3}{5}$ $3\dfrac{3}{5}\left(\dfrac{18}{5}\right)$ kg

3 $1\dfrac{2}{3} \times 6 = 10$ 10L

7

1 ① $\dfrac{3}{5 \times \boxed{7}} = \dfrac{3}{35}$ ② $\dfrac{5}{4 \times \boxed{15}} = \dfrac{\boxed{1}}{12}$

2 ① $\dfrac{2}{9}$ ② $\dfrac{3}{28}$ ③ $\dfrac{2}{9}$ ④ $\dfrac{2}{21}$

⑤ $\dfrac{1}{16}$ ⑥ $\dfrac{2}{7}$ ⑦ $\dfrac{2}{9}$ ⑧ $\dfrac{3}{10}$

3 $\dfrac{10}{3} \div 5 = \dfrac{2}{3}$ $\dfrac{2}{3}$ L

★ ★ ★

1 ① $\dfrac{5}{27}$ ② $\dfrac{7}{25}$ ③ $\dfrac{2}{21}$

④ $\dfrac{1}{8}$ ⑤ $\dfrac{1}{24}$ ⑥ $\dfrac{7}{120}$

⑦ $\dfrac{13}{32}$ ⑧ $\dfrac{3}{8}$ ⑨ $\dfrac{11}{63}$ ⑩ $\dfrac{4}{15}$

2 $\dfrac{92}{3} \div 2 = 15\dfrac{1}{3}$ $15\dfrac{1}{3}\left(\dfrac{46}{3}\right)$ km

3 $2\dfrac{2}{5} \div 3 = \dfrac{4}{5}$ $\dfrac{4}{5}$ m

8

1 $\dfrac{2 \times \boxed{4}}{5 \times \boxed{3}} = \dfrac{\boxed{8}}{15}$

2 ① $\dfrac{3}{20}$ ② $\dfrac{9}{35}$ ③ $\dfrac{10}{27}$

④ $\dfrac{21}{32}$ ⑤ $1\dfrac{1}{54}\left(\dfrac{55}{54}\right)$ ⑥ $\dfrac{21}{50}$

⑦ $4\frac{1}{20}\left(\frac{81}{20}\right)$　⑧ $1\frac{11}{24}\left(\frac{35}{24}\right)$

3 ① $\frac{9}{10}\times\frac{3}{7}=\frac{27}{70}$　　$\frac{27}{70}$ kg

② $\frac{9}{10}\times\frac{11}{4}=2\frac{19}{40}$　$2\frac{19}{40}\left(\frac{99}{40}\right)$ kg

★ ★ ★

1 ① $1\frac{13}{15}\left(\frac{28}{15}\right)$　② $2\frac{1}{12}\left(\frac{25}{12}\right)$
③ $\frac{35}{66}$　④ $\frac{24}{35}$　⑤ $1\frac{19}{21}\left(\frac{40}{21}\right)$
⑥ $\frac{15}{56}$　⑦ $2\frac{11}{12}\left(\frac{35}{12}\right)$　⑧ $\frac{48}{65}$
⑨ $1\frac{17}{28}\left(\frac{45}{28}\right)$　⑩ $4\frac{7}{12}\left(\frac{55}{12}\right)$
⑪ $2\frac{2}{35}\left(\frac{72}{35}\right)$　⑫ $1\frac{43}{48}\left(\frac{91}{48}\right)$
2 $\frac{9}{5}\times\frac{7}{2}=6\frac{3}{10}$　$6\frac{3}{10}\left(\frac{63}{10}\right)$ m²
3 $\frac{1}{18}\times\frac{5}{7}=\frac{5}{126}$　$\frac{5}{126}$ kg

9　19・20ページ

1 $\frac{9}{5}\times\frac{11}{3}=\frac{9\times11}{5\times3}=\frac{33}{5}$
2 ① $\frac{7}{12}$　② $\frac{3}{5}$　③ $1\frac{2}{3}\left(\frac{5}{3}\right)$
④ $6\frac{3}{4}\left(\frac{27}{4}\right)$
3 ① $\frac{7}{12}$ m²　② $3\frac{1}{3}\left(\frac{10}{3}\right)$ m²
4 ①、⑦
★ ★ ★
1 $\frac{5}{3}\times\frac{21}{10}=3\frac{1}{2}$　$3\frac{1}{2}\left(\frac{7}{2}\right)$ m²
2 ① $2\frac{1}{12}\left(\frac{25}{12}\right)$ ② $7\frac{1}{2}\left(\frac{15}{2}\right)$ ③ 4

④ $2\frac{1}{2}\left(\frac{5}{2}\right)$　⑤ $6\frac{2}{5}\left(\frac{32}{5}\right)$
⑥ $19\frac{1}{2}\left(\frac{39}{2}\right)$　⑦ $\frac{3}{10}$　⑧ $2\frac{1}{2}\left(\frac{5}{2}\right)$
3 ① $\frac{2}{5}$　② $\frac{2}{7}$
4 ① $2\frac{1}{6}\left(\frac{13}{6}\right)$　② $\frac{3}{5}$
③ $\frac{5}{9}$　④ $33\frac{1}{3}\left(\frac{100}{3}\right)$

10　21・22ページ

1 ① $\frac{3}{4}\times\frac{5}{2}=\frac{3\times5}{4\times2}=\frac{15}{8}$
② $\frac{8}{1}\times\frac{3}{4}=\frac{8\times3}{1\times4}=6$
2 ① $\frac{9}{10}$　② $1\frac{7}{9}\left(\frac{16}{9}\right)$　③ $1\frac{3}{7}\left(\frac{10}{7}\right)$
④ $\frac{2}{3}$　⑤ $\frac{5}{21}$　⑥ 6
3 ① 24　② $\frac{2}{27}$　③ $\frac{1}{42}$　④ $\frac{4}{5}$
4 $\frac{5}{12}\div\frac{2}{3}=\frac{5}{8}$　$\frac{5}{8}$ kg
★ ★ ★
1 ① $1\frac{1}{14}\left(\frac{15}{14}\right)$　② $1\frac{1}{8}\left(\frac{9}{8}\right)$
③ $2\frac{1}{12}\left(\frac{25}{12}\right)$　④ $\frac{8}{27}$
⑤ $\frac{63}{64}$　⑥ $\frac{18}{91}$
2 ① $3\frac{3}{4}\left(\frac{15}{4}\right)$ ② $1\frac{3}{7}\left(\frac{10}{7}\right)$ ③ $\frac{3}{4}$
④ $\frac{2}{3}$　⑤ $2\frac{2}{3}\left(\frac{8}{3}\right)$　⑥ $\frac{4}{15}$
3 ① 8　② $\frac{1}{28}$

③ $7\frac{1}{2}\left(\frac{15}{2}\right)$ ④ $\frac{3}{16}$

4 $2\div\frac{18}{7}=\frac{7}{9}$ $\frac{7}{9}$ m²

11 23・24ページ

1 ① $1\frac{23}{25}\left(\frac{48}{25}\right)$ ② $\frac{6}{11}$ ③ $\frac{7}{20}$

④ $\frac{11}{28}$ ⑤ 4 ⑥ $5\frac{5}{6}\left(\frac{35}{6}\right)$

2 ① $\frac{3}{4}$ ② $3\frac{1}{2}\left(\frac{7}{2}\right)$ ③ $\frac{4}{5}$

④ 2 ⑤ $\frac{2}{3}$ ⑥ $\frac{9}{14}$

3 $1\frac{5}{8}\div\frac{5}{12}=3\frac{9}{10}$ $3\frac{9}{10}\left(\frac{39}{10}\right)$kg

4 $3\frac{1}{5}\div1\frac{1}{7}=2\frac{4}{5}$ $2\frac{4}{5}\left(\frac{14}{5}\right)$m

★ ★ ★

1 ① $\frac{12}{55}$ ② $\frac{5}{6}$ ③ $\frac{2}{3}$

④ $1\frac{1}{2}\left(\frac{3}{2}\right)$ ⑤ $1\frac{1}{6}\left(\frac{7}{6}\right)$

⑥ $\frac{3}{4}$ ⑦ $\frac{10}{21}$ ⑧ $1\frac{1}{5}\left(\frac{6}{5}\right)$

2 $2\frac{2}{3}\div\frac{2}{9}=12$ 12本

3 $3\frac{1}{3}\div1\frac{1}{9}=3$ 3m

4 ㋐、㋑

12 25・26ページ

1 ① 23.5m ② 30m ③ 17m

2

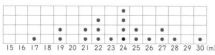

3 ① 24m ② 24m

★ ★ ★

1 ① 2組
② 1組…2.9秒 2組…2.8秒
③ 1組…8.25秒 2組…8.05秒
④ 1組…8.1秒 2組…7.8秒
⑤ 1組…8.1秒 2組…7.85秒
⑥ 2組

13 27・28ページ

1 ① (上から)2、4、8、2
② 40回以上50回未満
③ 10人 ④ 14人
⑤ 30回以上40回未満
⑥ 4番目…40回以上50回未満
　 11番目…30回以上40回未満

★ ★ ★

1 ① ㋐ 5 ㋑ 10 ㋒ 8 ㋓ 6
② 1秒
③ 1組…6人、2組…10人
④ 1組…8.0秒以上9.0秒未満
　 2組…7.0秒以上8.0秒未満
⑤ 2組

14 29・30ページ

1 ① 16人 ② 70点以上80点未満
③ 25% ④ 2番目から5番目

2 ① 右の図
② 階級…2.0m
以上2.5m未満
割合…40%

③ 2.5m以上
3.0m未満

★ ★ ★

1 ① （上から）
3、8、7、3、3、24
② 階級…20分以上30分未満
割合…33.3%
③ 30分以上40分未満

15 31・32ページ

1 6通り
2 ① ㋐2通り ㋑2通り ㋒2通り
② 6通り ③ 2通り ④ 2通り
3 ① 8通り ② 3通り

★ ★ ★

1 ① 6通り ② 24通り
2 ① 9通り ② 18通り ③ 8通り
④ 18通り ⑤ 10通り

16 33・34ページ

1 6試合 **2** 10通り **3** 3通り
4 6通り **5** 10通り

★ ★ ★

1 15試合 **2** 10通り **3** 4通り
4 21通り **5** 4通り

17 35・36ページ

1 ① $\frac{3}{10} + \frac{1}{10} = \frac{4}{10} = \frac{2}{5}$
② $\frac{3}{5} - \frac{15}{100} = \frac{12}{20} - \frac{3}{20} = \frac{9}{20}$
2 ① $1\frac{1}{5}\left(\frac{6}{5}\right)$ ② $\frac{2}{3}$ ③ $\frac{2}{45}$ ④ $\frac{3}{10}$
3 ① $\frac{6}{7}$ ② 12 ③ $\frac{1}{2}$ ④ $1\frac{4}{5}\left(\frac{9}{5}\right)$

4 $2.7 \times \frac{7}{3} \div 2 = 3\frac{3}{20}$ $3\frac{3}{20}\left(\frac{63}{20}\right)$ m²

★ ★ ★

1 ① 1 ② $\frac{9}{10}$ ③ $\frac{1}{20}$ ④ $1\frac{11}{30}\left(\frac{41}{30}\right)$
2 ① $\frac{1}{2}$ ② 10 ③ $\frac{21}{32}$
④ $\frac{18}{25}$ ⑤ $\frac{4}{15}$ ⑥ 5
3 $20 \div 1.6 \times \frac{2}{5} = 5$ 5g
4 $1500 \times (1-0.3) = 1050$
1050円

18 37・38ページ

1 ① $4 \times 4 \times 3.14 = 50.24$
$4 \times 2 \times 3.14 = 25.12$
面積…50.24cm²　円周…25.12cm
② $3 \times 3 \times 3.14 = 28.26$
$6 \times 3.14 = 18.84$
面積…28.26cm²　円周…18.84cm
2 ① $7 \times 7 \times 3.14 \div 2 = 76.93$
76.93cm²
② $5 \times 5 \times 3.14 \div 4 = 19.625$
19.625cm²
3 $8 \times 8 \times 3.14 - 4 \times 4 \times 3.14$
$= 150.72$ 150.72cm²

★ ★ ★

1 ① $10 \times 10 \times 3.14 = 314$ 314cm²
② $25.12 \div 3.14 \div 2 = 4$
$4 \times 4 \times 3.14 = 50.24$
50.24cm²
2 ① $10 \times 10 - 5 \times 5 \times 3.14$
$= 21.5$ 21.5cm²

❷ $14 \times 14 - 7 \times 7 \times 3.14$
$= 42.14$　　　　42.14cm^2
❸ $(7 \times 7 \times 3.14 - 4 \times 4 \times 3.14) \div 4$
$= 25.905$　　　25.905cm^2
❹ $6 \times 6 \times 3.14 \div 2 - 3 \times 3 \times 3.14$
$= 28.26$　　　　28.26cm^2

19

1 $(3+6) \times 3 \div 2 = 13.5$　　約 13.5km^2
2 **❶** 三角形
　　❷ $60 \times 22 \div 2 = 660$　　約 660km^2
3 **❶** 四角形
　　❷ $400 \times 400 \div 2 = 80000$
　　　　　　　　　約 80000km^2
★　★　★
1 **❶** $12 \times 12 \times 3.14 = 452.16$
　　　　　　　約 452.16km^2
　　❷ $56 \times 8 = 448$　約 448km^2
2 **❶** $5 \times 5 \times 3.14 = 78.5$　約 78.5km^2
　　❷ $7.5 \times 12.5 = 93.75$
　　　　　　　　　約 93.75km^2

20
41・42ページ

1 **❶** $6 \times 6 \times 6 = 216$　216cm^3
　　❷ $6 \times 3 \div 2 \times 8 = 72$　72m^3
　　❸ $3 \times 4 \div 2 \times 6 = 36$　36cm^3
　　❹ $(5+3) \times 2 \div 2 \times 7 = 56$　56m^3
　　❺ $(10 \times 10 \times 3.14) \times 20$
　　　$= 6280$　　　　6280cm^3
★　★　★
1 **❶** $(4 \times 4 \times 3.14 \div 2) \times 5 = 125.6$
　　　　　　　　　125.6cm^3
　　❷ $(4 \times 6 - 2 \times 2) \times 8 = 160$

160cm^3
❸ $(6 \times 6 \times 3.14 - 3 \times 3 \times 3.14) \times 12$
$= 1017.36$　1017.36m^3
2 **❶** $25 \times 10 \times 5 = 1250$
　　　　　　　　約 1250cm^3
　　❷ $(3 \times 3 \times 3.14) \times 20 = 565.2$
　　　　　　　　約 565.2cm^3

21
43・44ページ

1 **❶** $\dfrac{3}{4}$　**❷** $\dfrac{2}{3}$　**❸** $1\dfrac{1}{3}\left(\dfrac{4}{3}\right)$　**❹** 5
2 **❶** 8　**❷** 63　**❸** 48　**❹** 32
3 **❶** $4:1$　**❷** $3:2$　**❸** $4:3$　**❹** $8:3$
4 **❶** $\dfrac{7}{20}$　　**❷** 21 本
★　★　★
1 **❶** 3　**❷** $\dfrac{2}{7}$　**❸** $\dfrac{9}{10}$　**❹** $1\dfrac{1}{8}\left(\dfrac{9}{8}\right)$
2 **❶** 9　**❷** 7　**❸** 12　**❹** 9
3 **❶** $9:8$　**❷** $7:3$　**❸** $16:9$
　　❹ $18:35$
4 **❶** $300g$、$120g$　**❷** $45g$、$37.5g$

22
45・46ページ

1 **❶** 36cm　　**❷** 45cm
2 $36 \times \dfrac{4}{3} = 48$　　　　　48cm
3 $45 \times \dfrac{5}{9} = 25$　　　　　25 個
4 $2000 \times \dfrac{3}{5} = 1200$　1200 円
★　★　★
1 2.4m
2 $900 \times \dfrac{7}{5} = 1260$　　　$1260g$

③ $300×\dfrac{3}{5}=180$ 180 cm

④ $6000×\dfrac{1}{5}=1200$ 1200 cm³

⑤ $224÷2×\dfrac{3}{7}=48$ $224÷2×\dfrac{4}{7}=64$

縦…48 cm、横…64 cm

23
47・48ページ

① 拡大図 ㋔、2倍 縮図 ㋓、$\dfrac{1}{2}$

② ❶ 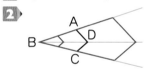 ❷

★ ★ ★

① ❶ 15 cm ❷ 4 cm ❸ 37°

②

B——A——D——C（図）

24
49・50ページ

① ❶ $\dfrac{1}{10000}$、1:10000

❷ $\dfrac{1}{200000}$、1:200000

② ❶ 20 cm ❷ 3 cm

③ ❶ 120 m ❷ 606 m

❸ 21700 m²

★ ★ ★

① ❶ $\dfrac{1}{400000}$、1:400000

❷ $\dfrac{1}{250000}$、1:250000

❸ $\dfrac{1}{625000}$、1:625000

② ❶ 1.5 km ❷ 0.2 km

③ （縮図は省略） 約14 m

25
51・52ページ

① ❶ 2 ❷ $y=2×x$

❸ ㋐ 8 ㋑ 10 ㋒ 7 ㋓ 9

② ❶ ○ ❷ × ❸ ○ ❹ ○

★ ★ ★

① ❶ 比例している ❷ $y=4×x$

❸ ㋐ 24 ㋑ 10 ❹ 64 cm

② ❶ $y=2×x$ ❷ 90 g

❸ 6 g ❹ 120 本

26
53・54ページ

① ❶ ㋐ 4
　 ㋑ 8
　 ㋒ 12

❷ 右の図

❸ 16 L

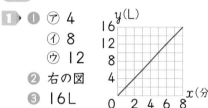

② ❶ 1200 m ❷ 8分 ❸ 600 m

★ ★ ★

① ❶ 15 km ❷ 20分 ❸ 60 km

② ❶ 自動車A

❷ A…6 L B…8 L C…10 L

❸ A…100 km B…75 km C…60 km

27
55・56ページ

① $680÷2×5=1700$ 1700 円

② $375÷(25÷10)=150$ 150 本

③ ❶ $450÷3×7=1050$ 1050 円

❷ $990÷150=6.6$ 6.6 m

④ ❶ $16÷20×60=48$ 48 km

❷ $36÷48×60=45$ 45 分

1▶ $285÷3×8.5=807.5$ 807.5g
2▶ $450÷(30÷8)=120$ 120個
3▶ $2×2×2=8$
$450÷(12÷8)=300$ 300cm³
4▶ $4.2×1÷0.6=7$ 7m

28 57・58ページ

1▶ ❶ 反比例する ❷ $y=60÷x$
❸ ㋐ 15 ㋑ 12 ❹ 40
2▶ ❶ A町からB町までの道のり、
150 ❷ $y=150÷x$
❸ $y=150÷25=6$ 6時間

1▶ ❶ × ❷ × ❸ ○ ❹ ○
2▶ ❶ ㋐ 16 ㋑ 8 ㋒ 4 ㋓ 16
❷ 32L ❸ $y=32÷x$

29 59・60ページ

1▶ ❶ 右の図
❷ だぼく
❸ 10時か
ら 11時
❹ 午前
❺ 43%

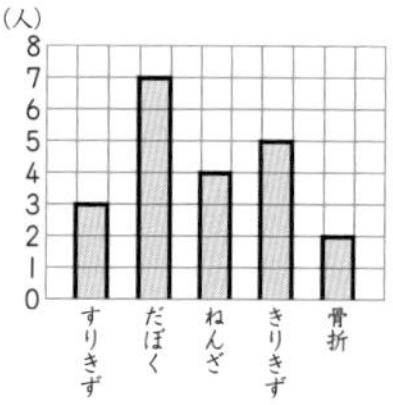

1▶ ❶ 96
❷ 8日
❸ （上から）5、3、1、2、1、12
❹ 9月
❺ 2月
❻ 最頻値…5日
中央値…7日
2▶ 右の図

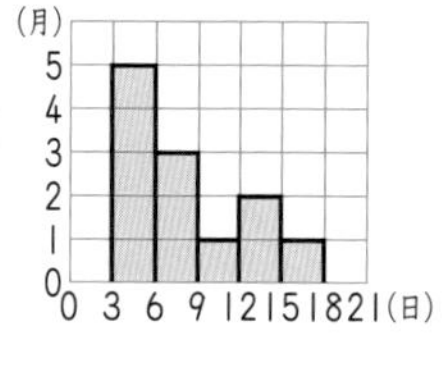

30 61ページ

1▶ ❶ 640個 ❷ 7000個
❸ 308個 ❹ 1206個
2▶ 1.58、$1\frac{3}{5}$、1.7、$\frac{12}{7}$、$\frac{7}{4}$
3▶ ❶ 135 ❷ 16.9 ❸ 2.5
❹ $1\frac{1}{3}\left(\frac{4}{3}\right)$ ❺ $\frac{5}{6}$ ❻ $\frac{3}{4}$
❼ 0 ❽ 63.4
4▶ ❶ 2.4 ❷ $1\frac{1}{6}\left(\frac{7}{6}\right)$
5▶ 最小公倍数 60、最大公約数 4

31 62ページ

1▶ ❶ 7cm ❷ 4倍
2▶ ❶ 14.13cm² ❷ 32cm²
3▶ ❶ 33000cm³ ❷ 2727cm³
❸ 128cm³ ❹ 3768cm³

32 63ページ

1▶ ❶ 60° ❷ 115° ❸ 25°
2▶ ❶ 面㊧
❷ 辺EJ、辺LK、辺LM、辺CN
3▶ 線対称㋐、㋓、㋔ 点対称㋒、㋔
4▶ ❶ 9cm ❷ 80°

33 64ページ

1▶ ❶ 400mL ❷ 1時間45分
❸ 280m
2▶ 乗用車52% タクシー11%
3▶ ❶ $y=x×8$、比
❷ $y=100÷x$、反